总主编 伍 江 副总主编 雷星晖

方 家 吴承照 著

基于游憩理论的城市开放空间规划研究

Research on Urban Open Space Plan
Based on Recreation Theory

同济大学出版社
TONGJI UNIVERSITY PRESS

内 容 提 要

本书针对现代城市健康与社会问题,从游憩理论角度探讨城市规划解决现实健康与社会问题的途径。在深入解剖西方发达国家城市开放空间规划特点基础上,以上海为案例深入具体研究了游憩需求、行为、偏好及其同空间、设施配置的关系和规划方法技术,在此基础上提出中国城市开放空间规划的目标和模式,及其同城市绿地系统规划的异同。该书主要创新点是三个方面:基于游憩供需关系的量化标准,基于游憩行为偏好的城市开放空间规划特性,基于居民游憩生活方式的城市开放空间规划模式及其关键技术。

本书适合城乡规划学、风景园林学、城市研究与管理等相关人员学习和参考。

图书在版编目(CIP)数据

基于游憩理论的城市开放空间规划研究 / 方家,吴承照著.
—上海:同济大学出版社,2017.10
(同济博士论丛 / 伍江总主编)
ISBN 978 - 7 - 5608 - 7434 - 0

Ⅰ. ①基… Ⅱ. ①方… ②吴… Ⅲ. ①城市规划-研究 Ⅳ.
①TU984

中国版本图书馆 CIP 数据核字(2017)第 245096 号

基于游憩理论的城市开放空间规划研究

方　家　吴承照　著

出 品 人　华春荣　　　责任编辑　罗　璇　熊磊丽
责任校对　徐春莲　　　封面设计　陈益平

出版发行　同济大学出版社　　www.tongjipress.com.cn
　　　　　(地址:上海市四平路 1239 号　邮编:200092　电话:021 - 65985622)
经　　销　全国各地新华书店、建筑书店
排版制作　南京展望文化发展有限公司
印　　刷　浙江广育爱多印务有限公司
开　　本　787 mm×1092 mm　　1/16
印　　张　17
字　　数　340 000
版　　次　2017 年 10 月第 1 版　　2017 年 10 月第 1 次印刷
书　　号　ISBN 978 - 7 - 5608 - 7434 - 0

定　　价　118.00 元

"同济博士论丛"编写领导小组

"同济博士论丛"编辑委员会

袁万城　莫天伟　夏四清　顾　明　顾祥林　钱梦騄
徐　政　徐　鉴　徐立鸿　徐亚伟　凌建明　高乃云
郭忠印　唐子来　阎耀保　黄一如　黄宏伟　黄茂松
戚正武　彭正龙　葛耀君　董德存　蒋昌俊　韩传峰
童小华　曾国荪　楼梦麟　路秉杰　蔡永洁　蔡克峰
薛　雷　霍佳震

秘书组成员： 谢永生　赵泽毓　熊磊丽　胡晗欣　卢元姗　蒋卓文

总　序

在同济大学 110 周年华诞之际，喜闻"同济博士论丛"将正式出版发行，倍感欣慰。记得在 100 周年校庆时，我曾以《百年同济，大学对社会的承诺》为题作了演讲，如今看到付梓的"同济博士论丛"，我想这就是大学对社会承诺的一种体现。这 110 部学术著作不仅包含了同济大学近 10 年 100 多位优秀博士研究生的学术科研成果，也展现了同济大学围绕国家战略开展学科建设、发展自我特色，向建设世界一流大学的目标迈出的坚实步伐。

坐落于东海之滨的同济大学，历经 110 年历史风云，承古续今、汇聚东西，秉持"与祖国同行、以科教济世"的理念，发扬自强不息、追求卓越的精神，在复兴中华的征程中同舟共济、砥砺前行，谱写了一幅幅辉煌壮美的篇章。创校至今，同济大学培养了数十万工作在祖国各条战线上的人才，包括人们常提到的贝时璋、李国豪、裘法祖、吴孟超等一批著名教授。正是这些专家学者培养了一代又一代的博士研究生，薪火相传，将同济大学的科学研究和学科建设一步步推向高峰。

大学有其社会责任，她的社会责任就是融入国家的创新体系之中，成为国家创新战略的实践者。党的十八大以来，以习近平同志为核心的党中央高度重视科技创新，对实施创新驱动发展战略作出一系列重大决策部署。党的十八届五中全会把创新发展作为五大发展理念之首，强调创新是引领发展的第一动力，要求充分发挥科技创新在全面创新中的引领作用。要把创新驱动发展作为国家的优先战略，以科技创新为核心带动全面创新，以体制机制改革激发创新活力,以高效率的创新体系支撑高水平的创新型国家建设。作为人才培养和科技创新的重要平台,大学是国家创新体系的重要组成部分。同济大学理当围绕国家战略目标的实现,作出更大的贡献。

大学的根本任务是培养人才,同济大学走出了一条特色鲜明的道路。无论是本科教育、研究生教育,还是这些年摸索总结出的导师制、人才培养特区,"卓越人才培养"的做法取得了很好的成绩。聚焦创新驱动转型发展战略,同济大学推进科研管理体系改革和重大科研基地平台建设。以贯穿人才培养全过程的一流创新创业教育助力创新驱动发展战略,实现创新创业教育的全覆盖,培养具有一流创新力、组织力和行动力的卓越人才。"同济博士论丛"的出版不仅是对同济大学人才培养成果的集中展示,更将进一步推动同济大学围绕国家战略开展学科建设、发展自我特色、明确大学定位、培养创新人才。

面对新形势、新任务、新挑战,我们必须增强忧患意识,扎根中国大地,朝着建设世界一流大学的目标,深化改革,勠力前行!

万　钢

2017 年 5 月

论丛前言

　　承古续今，汇聚东西，百年同济秉持"与祖国同行、以科教济世"的理念，注重人才培养、科学研究、社会服务、文化传承创新和国际合作交流，自强不息，追求卓越。特别是近20年来，同济大学坚持把论文写在祖国的大地上，各学科都培养了一大批博士优秀人才，发表了数以千计的学术研究论文。这些论文不但反映了同济大学培养人才能力和学术研究的水平，而且也促进了学科的发展和国家的建设。多年来，我一直希望能有机会将我们同济大学的优秀博士论文集中整理，分类出版，让更多的读者获得分享。值此同济大学110周年校庆之际，在学校的支持下，"同济博士论丛"得以顺利出版。

　　"同济博士论丛"的出版组织工作启动于2016年9月，计划在同济大学110周年校庆之际出版110部同济大学的优秀博士论文。我们在数千篇博士论文中，聚焦于2005—2016年十多年间的优秀博士学位论文430余篇，经各院系征询，导师和博士积极响应并同意，遴选出近170篇，涵盖了同济的大部分学科：土木工程、城乡规划学(含建筑、风景园林)、海洋科学、交通运输工程、车辆工程、环境科学与工程、数学、材料工程、测绘科学与工程、机械工程、计算机科学与技术、医学、工程管理、哲学等。作为"同济博士论丛"出版工程的开端，在校庆之际首批集中出版110余部，其余也将陆续出版。

　　博士学位论文是反映博士研究生培养质量的重要方面。同济大学一直将立德树人作为根本任务，把培养高素质人才摆在首位，认真探索全面提高博士研究生质量的有效途径和机制。因此，"同济博士论丛"的出版集中展示同济大学博士研究生培养与科研成果,体现对同济大学学术文化的传承。

"同济博士论丛"作为重要的科研文献资源,系统、全面、具体地反映了同济大学各学科专业前沿领域的科研成果和发展状况。它的出版是扩大传播同济科研成果和学术影响力的重要途径。博士论文的研究对象中不少是"国家自然科学基金"等科研基金资助的项目,具有明确的创新性和学术性,具有极高的学术价值,对我国的经济、文化、社会发展具有一定的理论和实践指导意义。

"同济博士论丛"的出版,将会调动同济广大科研人员的积极性,促进多学科学术交流、加速人才的发掘和人才的成长,有助于提高同济在国内外的竞争力,为实现同济大学扎根中国大地,建设世界一流大学的目标愿景做好基础性工作。

虽然同济已经发展成为一所特色鲜明、具有国际影响力的综合性、研究型大学,但与世界一流大学之间仍然存在着一定差距。"同济博士论丛"所反映的学术水平需要不断提高,同时在很短的时间内编辑出版110余部著作,必然存在一些不足之处,恳请广大学者,特别是有关专家提出批评,为提高同济人才培养质量和同济的学科建设提供宝贵意见。

最后感谢研究生院、出版社以及各院系的协作与支持。希望"同济博士论丛"能持续出版,并借助新媒体以电子书、知识库等多种方式呈现,以期成为展现同济学术成果、服务社会的一个可持续的出版品牌。为继续扎根中国大地,培育卓越英才,建设世界一流大学服务。

伍 江

2017 年 5 月

前　言

　　如何提高城市居民生活品质是中国城市化快速进程中面临的关键问题。本书以游憩理论为研究视阈,围绕"如何规划满足中国居民游憩需求的城市开放空间系统,以提升城市生活品质"主题展开研究。该主题引申出三个研究问题:城市开放空间规划的方法论内核是什么? 如何基于居民生活,探索一套适合中国城市的开放空间规划方法? 高效使用开放空间资源的城市开放空间规划模式是什么? 本书以"理论研究—案例研究—实证研究"为基本路径,思路如下:

　　首先基于城市开放空间规划理论和游憩理论的交叉领域研究成果,将理论主体聚焦于三个部分:一、基于游憩供需关系的量化标准;二、基于游憩行为偏好的城市开放空间规划特性;三、基于居民生活方式的城市开放空间规划模式。

　　然后,将上海市作为案例,基于上述三个理论方向开展对开放空间规划方法和模式的研究。

　　一、基于游憩供需关系,本书对开放空间规划方法——"转译"法与 LOS 计算法进行了研究。运用"转译"法,基于上海居民游憩活动类型,预测了上海市应增加的开放空间和设施类型;运用 LOS 计算法,基于上海居民游憩活动频率和公园供给能力,预测了上海居民所需的公园数量。

　　二、通过上海与 Kokomo,Waterloo 市居民开放空间中游憩行为的比较,发掘上海居民开放空间使用偏好。提出了上海公园规划的"可接受半径",以及上海居民潜在游憩需求的开放空间激活法。

三、基于上海居民"一日生活事件",探索了适宜中国高密度社区的开放空间规划模式——"多维度"模式。基于上海居民日、周、月游憩行为发生地点、出行方式特征,以人性化尺度的社区为基本户外生活主体,慢行交通为空间联通媒介,提出了 Uranus 开放空间理想规划模式。

本书进而选取上海徐汇滨江开放空间与苏家屯路,对上述研究中的"转译"法与"多维度"模式进行了验证。通过两处空间通过对居民游憩需求的满足,提升了使用者的生活品质,试图验证该规划方法与模式的合理性。

基于以上研究成果,本书还对推进中国城市开放空间规划的顶层设计进行了初步架构;并对规划导则、关键技术、开放空间规划公众参与软件(OSPS)的研发进行了探索和展望。

本书所涉及的研究获国家自然科学基金项目"基于风景园林的游憩规划设计标准与规范研究(51278347)"资助,获国家青年自然科学基金"服务水平法在城市公园系统规划中的应用研究(51608368)"项目资助。

目 录

第1章

绪　论

1.1　课 题 缘 起

科学技术的发达让人类从繁重的体力劳作中解脱出来,带来了丰衣足食的生活和闲暇时间。城市高楼林立,书写着壮丽的人类文明。在光鲜亮丽的表象下,生活在其中的城市居民却常常不满意自己的生活,不仅身心疲惫,还感到精神空虚甚至陷入焦虑。为什么闲暇时间多了,物质丰裕了,我们却感到生活贫乏? 为什么作为人类文明中心的城市,却带来了人际关系的"功利化"和"荒漠化"? 如何尊重城市中每个人的身心健康,提升城市生活品质?

1.1.1　关于现代城市中人的生活状态的反思

1. 现代城市生活品质的挑战

"生活在大城市还有多少幸福感?"这样的讨论已经成了北京、上海等大城市的热门话题。《人民日报》2010 年 4 月 1 日 15 版关于"一份家庭幸福白皮书的调查结果"显示:"经济最为发达的深圳、北京、上海、浙江幸福指数反而较低。"

此外,大城市中城市居民的健康状况也时常被推上风口浪尖。卫生部《中国居民营养与健康现状》报告对 10 个城市的上班族调查显示,处于亚健康状态的员工占 48%,尤以经济发达地区为甚,其中北京 75.3%,上海 73.49%,广东 73.41%。国民普遍的亚健康状态还导致了职业病频发、"过劳死"骤升等现象。

联合国世界卫生组织 WHO 对"人类健康"的定义为:"物质、精神和社会生活的完美结合而不只是没有疾病缠身和身体强壮。"据相关资料,中国符合世界

1

卫生组织关于健康定义的人群只占总人口数的 15%，与此同时，有 15% 的人处在疾病状态中。中国国家统计局有一项调查："你对目前的状态感到满意吗?"[1] 结果表明，57% 的人感到不满意，37% 的人觉得一般，仅有 6% 的人表示满意。"精神空虚""孤独""人情淡漠"成了城市居民的心结。

城市中的现代生活方式、职业机遇和发展空间令无数人趋之若鹜。但当前，这种文明和便利所产生的价值却正在被各种问题缠绕的病态所侵蚀，从而渐渐失去魅力和光彩，使人们"心力交瘁"。生活在城市之中，需被安抚的心灵却不得不跳出"围城"，寻找新的福祉。田园日益成为都市人的精神依归，抛离都市的喧嚣，驱车郊外亲近自然已经开始成为城市生活的补充和疏导，"诗意的栖居"逐渐成为泡影。

根据 Manfred Max-Neef 的需要系统理论，人类需要由九个基本需要组成：持续生存、受保护、仁爱、理解、参与、闲暇、创造、个性和自由，基本需要满足的人才是一个健康的人。快节奏、功利化的现代城市生活像一把双刃剑，带来了极大的物质丰裕，同时，也造成了现代城市人闲暇、个性和自由时间的缺乏，形成了生活品质的下降。在高效率运作的城市生活背后，人们也逐步认识到，"伴随着伤痛和疾病的生命延续不是真正的幸福，融心理、身体和自然生活环境和谐为一体的健康理念应成为人们理解和追求的最高境界"[2]。

2. 人居环境"人文价值"的衰落

中国社科院发布的首部国际城市蓝皮书《国际城市发展报告 2012》指出，2011 年，中国的城镇人口比例达到 51.27%；预计到 2020 年，中国城市化率将达 55%，从统计学意义上，2012 年成了中国城市化的"元年"[3]。

中科院院士陆大道曾对十年间的"造城风波"做过详细调查[4]，他认为，"大规划"在 2003 年至 2004 年达到了一个高潮。伴随着现代城市宽阔的马路、"新地标"、气势宏大的广场不断建成，交通拥堵、环境恶化、房价上涨、秩序紊乱、运营低效和生活品质下降等"城市病"也日渐突出。"城市病"景象日益敲打着城市人紧绷的神经：开放空间的"橱窗化""贵族化""私有化"[5] 是每日生活的直观表象；汽车道宽广，仅能满足汽车疾驰而过时的"视觉震撼"，行人却失去了双脚能触及的便利；人行道狭窄，或常被电线杆横断，经常能见岔路口上，人给车让路；熟知的、富有生趣的街道集市，大多数正被"一举歼灭"……

当城市只是一个无奈的住所，而不是精神家园时，城市病的治理已经刻不容缓[6]。从 20 世纪 60 年代，雅各布斯发表《大城市的生与死》发出第一声呐喊，到

90 年代美国规划师开出"主张回归老城市的空间尺度"的药方,以及 2002 年美国规划协会《明智增长的政策指南》(*Policy Guide on Smart Growth*)将紧凑、鼓励步行、公共交通主导、混合使用等作为城市规划的原则,都在企图将城市真正地"还给市民"。归根结底,只有从"创造美好城市居民生活"和"以人为本"的角度思考问题,才能使城市真正符合居民的需要。

3. 如何面对闲暇

"休闲是新千年全球经济发展的第一引擎,到 2015 年前后,发达国家将进入休闲时代,休闲将在人类生活中扮演重要的角色"(著名未来学家格雷厄姆·T·T·莫利托预言)[7]。"休闲是人类生存的一种良好状态,是 21 世纪人们生活的一个重要特征。"(世界休闲组织原秘书长杰拉德·凯尼恩)

事实上,比莫利托预测的来得更快,某些发达国家已经进入了休闲社会,甚至在一些发展中国家的某些城市已看到了休闲社会的曙光[8],我国东部沿海较发达地区或内陆的部分大中城市已经陆续跨入休闲时代的发展阶段[9]。

"休闲社会"以充足的闲暇时间①为首要特征。如何利用闲暇是"休闲社会"中面临的首要问题。亚里士多德说过,"休闲才是一切事物环绕的中心","是哲学、艺术和科学诞生的基本条件之一"。在西方国家,由于人们认识到闲暇在人生命中的价值,闲暇时间的合理支配与利用便成为全社会普遍接受的原则,休闲教育成为人生的一门必修课。而在我国,仍存在全社会休闲系统教育的缺少和观念误导的现象。不能合理规划闲暇时间,引导人们开展正面的休闲活动,对一个社会的良性发展是十分危险的,将带来身体健康状况下降、精神贫困以及一系列的社会危机。美国著名社会学家丹尼尔·贝尔就早在 60 年代就提出人类历史上将第一次面临闲暇时间的压力所带来的社会问题,日本也早在 60 年代将闲暇列入重要的城市问题研究中[10]。

游憩是闲暇使用最普遍的形式[10]。游憩有别于休闲,侧重对闲暇时间有意识地安排和计划,开展主动性活动。活动类型通常以户外活动为主,也是对闲暇使用的最健康、最值得推广的形式。值得关注的是,随着人们生活方式的改变、健康意识的增强、闲暇观念的提升,游憩需求也在迅速增加。但城市空间对游憩空间和设施类型、数量供给的局限,成为人们开展游憩活动的障碍——"想活动,却找不到合适的地方",节假日公园、公益运动场所"人满为患"。此外,社会休闲

---

① 闲暇时间,也就是非劳动时间,指的是人们在履行社会职责及各种生活时间支出后,由个人自由支配的时间,包括八小时工作之外的时间,星期日及节假日,各种假期,退休后的时间[11]。

产业体系的薄弱,使相关项目策划、运营、实施及管理快速商业化,使稀缺的游憩资源集中使用,很多场所因为价位高而仅服务于少数人。如高尔夫、骑马等成为"有钱人的专属运动";健身、羽毛球、保龄球和篮球等项目多数只能在收费的室内场所开展。再加上由于缺乏积极的游憩观念普及、引导、教育、活动组织、指导和规划,使市民往往不知如何开展、选择适合自身的游憩活动,以及如何有效、正确使用空间资源。部分已供给的游憩项目、设施由于可达性差、缺乏活动趣味性、收费高等原因不受居民欢迎和认可,造成资源的浪费。随着我国《国民旅游休闲纲要》[①]与《旅游法》[②]的颁布,如何满足城市居民的游憩需求,教育、引导市民开展游憩活动,使休闲产业健康、正确地发展;如何提供相应的满足居民需求的游憩空间?是当前社会亟待解决的问题。

1.1.2 开放空间策略:国际社会解决近似问题的方式

1. 国际社会发展城市开放空间,提升居民健康水平的策略共识

UIA 1933 年 8 月国际现代建筑协会(CIAM)第 4 次会议《雅典宪章》提出了游憩,成为城市的四大功能——居住、工作、游憩和交通之一。《宪章》指出,现有城市中普遍缺乏绿地和空地,认为新建住宅区应预先留出空地作为建造公园、运动场和儿童游戏场之用;在人口稠密地区,清除旧建筑后的地段应作为游憩用地;城市附近的河流、海滩、森林及湖泊等自然风景优美的地区应加以保护,以供居民游憩之用。

国际组织 IFPRA[③]、UNESCO 联合国教科文组织、UIA、IUCN 等均在重要会议上强调了体现城市游憩功能以及城市开放空间使用的重要性:UNESCO 联合国教科文组织国际协调理事会于 2009 年 5 月在巴黎进行的人与生物圈计划(MAB)21 部分的议程中,总结了交通、能源、食品和栖息地等"生物圈生态城市"的十个主题,"生物圈生态城市"中的项目用于满足当地居民需求,这些主题也成为项目规划的着眼点。"游憩"成为十大主题之一,论述涉及"公园和游径是城市游憩的重要组成部分,对其供给应适应邻里需求"。

---

① 中国政府网 2013 年 2 月 18 日发布《国务院办公厅关于印发国民旅游休闲纲要(2013—2020 年)的通知》。(http://www.chinadaily.com.cn/micro-reading/dzh/2013-02-19/content_8291371.html)

② 2013 年 4 月 25 日,十二届全国人大常委会第二次会议闭幕,会议表决通过了《中华人民共和国旅游法》(以下简称《旅游法》)。(http://news.xinhuanet.com/2013-04/25/c_115546958.htm)

③ 于 1957 年在伦敦成立的国际公园与康乐协会(International Federation of Park and Recreation Administration, IFPRA),国际非政府组织,其组织内容涉及公园、游憩、便利设施、文化、开放空间和乡村的各方面,在欧洲和亚太分别设有地区分会,有超过 50 个国家的代表。

世界自然保护联盟（International Union for Conservation of Nature and Natural Resources，IUCN）、世界保护区委员会（World Commission on Protected Areas，WCPA）管辖的内容涉及"文化和精神价值、健康公园、公正性"等内容。2008年IUCN和WCPA支持了一个公园论坛，发起为澳大利亚和新西兰的城市与保护区公园编制"公园价值"报告。这个报告显著地拓展了社会中对公园角色认同的思考。在西班牙巴塞罗那召开的世界保护会议上，IUCN有先导性地组织了一个特殊的"健康公园健康人"研讨会，此外，WCPA的"健康公园健康人"工作组得到了广泛的认可和支持。

1999年英国开展了"不仅仅关系到数字和比例，而是要创造一种人们所期盼的高质量和具有持久活力的城市生活"的城市复兴运动（Urban renaissance）（罗杰斯，1999）。针对英国及世界持续城市化①的趋势，英国政府成立了城市工作组（Urban Task Force），编写《迈向城市的文艺复兴》的报告。在提升城市环境美学质量以及文化发展的需要、提高城市生活品质、增强城市和社区的吸引力的思想指导下，城市开放空间系统作为城市关怀人、陶冶人的重要载体，在规划思想、方法、标准和管理体制上都得到了长足的发展。

2. 代表性国家和地区的开放空间策略发展概况

（1）法规

至今，美国政府共颁布了三个有代表性的保障城市公园建设和土地使用的法案，分别是：《城市振兴和宜居社区法案》（*Urban Revitalization and Livable Communities Act*），《城市公园和游憩恢复法案》（*Urban Park and Recreation Recovery Act*）和《土地和水资源保护基金法案》（*Land and Water Conservation Fund Act*），以及住房法中的相关规定。法案授权给州和聚居区，以提升他们在保护公园和开放空间用地方面的执行力，每个市的市政府基本都会设置城市公园和游憩部（DPR），通过制定相关总体规划，保证当地居民的公园和开放空间用地的使用和户外活动的开展。英国专门设置了国家公园委员会，将"保护和丰富地区的自然景观，并提供公共游憩设施、野营场所和停车的地方；整治公园内的湖泊、河流和运河，供人们利用（帆船、划船、游泳等）"作为其职责之一。此外，世界上多个国家都对保障居民精神需求制定了相关条文，保障城市中的游憩用地，例如，法国规划文件《发展规划》、联邦德国《联邦德国基本法》、日本《都市计划

---

① 1991年，超过80%的人口居住在城市；当前世界上几乎50%的人生活在城市（Rogers，1999）。[42]

法》《台湾都市计划法》《香港城市规划条例》、新加坡《公园和树法案》、原苏联《城市规划与修建法规》等。

（2）相关组织和机构

西方国家保障居民游憩需求的主要著名公益组织以美国国家游憩及公园协会（National Recreation and Park Association，NRPA）和英国国家游戏场地联合会（National Playing Fields Association，NPFA，2007 年更名为 Fields in Trust，FIT）为代表。NRPA 于 1965 年成立，是促进公共公园和游憩机会发展的主要非营利性组织。NRPA 致力于在认同公园和游憩的自然本质基础上，对专业人员和公众进行教育；通过学习、研究和交流，获取公共支持，以促进实践和资源的发展，使公园和游憩成为美国社区中必不可少的元素。其 1995 年出版发行的《公园、游憩、开放空间和绿道导则》（*Park，Recreation，Open Space and Greenway Guidelines*）中对公园、游憩、开放空间和绿道系统规划措施、框架结构和系统规划 LOS（千人指标）以及公园、开放空间和绿道分类，设施标准都做出了详细的规定，成为北美地区制定公园和游憩总体规划，以及游憩、休闲服务设施总体规划的主要参照标准；英国国家游戏场地联合会 1925 年成立，1933 年被授予皇家宪章（英国法律），作为英国慈善机构，目标在于保护，以及为英国城市和城镇促进为运动和游憩服务的开放空间。明确了英国的每个成年人和儿童在休闲时间内的离家合理距离中，都应该有机会参加户外游憩活动。《6 英亩标准》的目标在于：帮助土地使用规划师确保开放空间达到足够的水平，使所有年龄段的居民都能参加到运动和游戏中来，并强调儿童对于游戏场和其他游玩空间的进入性。标准建议，每 1 000 个居民应该有 2.4 英亩（6 公顷）的用地，由以下方面组成：1.6 英亩（4 公顷）用于户外运动和游憩空间（包括停车）；0.8 英亩（2 公顷）用于儿童游玩，其中 0.25 公顷是有器械的游乐园。在《6 英亩标准》的出版物中，FIT 列出了更加细节的分类，包括儿童游玩空间的层次结构。"应该留出用于团队游戏、网球、保龄球和儿童游乐场地。"FIT 于 2008 年 8 月 1 日公开发表了《户外运动和游戏的规划和设计》，此刊物更新和取代了先前的旗舰性出版物——《六英亩标准》。新刊物继续支持原有 FIT 推荐的千人 6 英亩游憩空间标准，并根据运动和游戏户外设施的数量、质量、进入性和当地评估和标准的重要性提供了详细的框架。

亚洲其他主要国家和地区也有多样组织和机构，致力于保障居民精神需求。新加坡国家公园局（National Parks Board）以"让我们把新加坡变成我们的花园"总结了远景和使命，旨在将公园、花园和自然资源的视觉愉悦和丰富的生物多样性,与经过考量的游憩活动相结合,促进与自然的交流。日本公园和游憩基金会(Parks and Recreation Foundation)以满足由增长的生活标准和个人空闲时间数量持续扩展的和多样的社会要求为己任,注重对公园和绿地空间管理和运营的人类资源的发展。香港特别行政区政府康乐及文化事务署(Leisure and Cultural Services Department)以"提供优质文康服务,为市民生活增添姿彩与体育、文化及社区团体紧密合作,发挥协同效应,以加强香港的艺术和体育发展动力。保护文化遗产。广植树木,美化环境"为主要宗旨。

1.1.3 中国城市规划策略的局限与潜力

1. 现有城市规划体系游憩功能的缺失

在城市规划的基本原则中提到:"应当加强精神文明建设等要求,统筹兼顾,综合部属,力求取得经济效益、社会效益、环境效益的统一";"应当贯彻城乡结合、有利于生产、方便生活的原则,改善投资环境,提高居住质量。"[11]但在现行城市规划体系中,游憩功能仍处于缺少状态,具体反映在编制阶段和用地分类标准方面:

(1)规划编制阶段游憩属性的弱化

在城市总体规划编制中,主要涉及游憩功能的各专项规划和分区规划,仅有绿地系统、文物古迹和风景名胜区规划。承载游憩功能的规划对象主要为集游憩、生态、防护和景观功能为一体的绿地系统,其类型大多体现在"公园广场"用地类型中。对于户外体育设施、校园、庭院空间、非机动车道和水域等多被居民用于游憩活动的空间较少涉及。而这些空间中,有很多类型的数量及其可观,且已经融入居民的日常生活,却未进行系统分类和统一管理[12]。

城市设计中虽以开放空间作为规划对象之一,成为各阶段城市规划编制的组成部分,但其目的是"为了塑造城市的空间形象和景观风貌,使之具有整体性和独特性"[13]。虽然城市设计的对象包括公共开放空间体系,但其核心内容是城市空间形态控制和设计,重点在视觉结构上处理景观轴线网络和节点分布,很少涉及满足居民游憩需求的内容。修建性详细规划主要通过对各地块绿地率的指标进行控制,从而实现游憩功能。但在规划实践过程中,涉及游憩功能的内容大多集中在绿地系统规划设计中,而该规划中的绿地指标大多偏向绿地的生态、防护和视觉景观功能。

(2)绿地系统规划理论与方法应用于城市开放空间规划的局限性

我国现行的城市绿地系统虽然涉及生态保护、游憩和社会文化功能,但不论从实际操作还是实施层面,都较多地关注其生态属性。大部分城市通过制定绿地系统规划,最为重要的是能量化地反映一座城市整体的绿化水平、绿地面积,显示市域绿地生态格局和绿化指标。不可否认的是,现阶段各城市中对建成区的绿地改造,对于改善绿地在数量上的不足和宏观结构的完善,起到了积极的作用[14]。但是,在规划进程中,往往忽略了如何体现绿地的游憩属性,即对大众对绿地使用的便捷性、绿地可达性,特别对绿地中分布的设施与游憩活动是否匹配等缺乏考虑。

虽然绿地系统规划方法如生态规划法、信息技术应用法、生态因子地图法、生态要素阈值法及生态转型方法已得到了初步应用,但大多侧重从生态角度对城市总体格局进行掌控。从居民游憩需求的规划和设计方法有使用范围的局限。当前对"公园绿地"的规划多体现在指标分析法应用中,重点沿用原苏联的"游憩空间定额法",注重对人均公园绿地指标、公园服务半径的计算和控制,但未从根本上把握在各地区不同资源条件、人口密度、不同居民偏好特征下的游憩供需关系。

2. 拓展城市开放空间规划领域的理论研究前景

如何进行有效的游憩需求调查?如何发现居民的潜在游憩需求,如何预测未来居民游憩需求的变化,如何将居民的游憩需求、偏好、行为进行统计、总结,并提炼出有代表性的规律和模式,如何将游憩需求模式"转译"到相应的空间中,什么样的空间、服务、管理措施才能有效地体现需求,空间以及设施的数量、类型应如何确定,游憩需求和开放空间供给关系如何协调,这些都是开展城市开放空间规划应该解决的关键问题。虽然在人类行为学、社会学、统计学、经济学、时间地理学和人文地理学中均有相关的理论研究成果,但多停留在理论模式、规律、原理探讨的层面,与城市空间规划接轨的"落地"研究较少,更加缺少深入探讨开放空间与城市空间关系的研究。从根本上说,就是缺乏对西方城市开放空间规划内容、标准、方法等一套完整规划理论的梳理、借鉴;缺少对开放空间规划理论内在规律和核心理论的探索,使中国城市开放空间规划缺少理论和方法论上的指导。

本书透过西方相对成熟的城市开放空间规划体系,立足于其理论基础,从研究当地居民的生活本身出发,将案例、实证研究植根于中国城市,拟展开适合中国国情的开放空间规划理论、方法、案例研究。在城市居民游憩需求与城市生活品质的关系;游憩需求的满足和开放空间供给;不同文化、城市背景下居民空间使用偏好;寻求制定此类规划标准、规划模式的理论基础方面,均有研究潜力可挖。并期盼成为解决相关规划类似困惑的试金石。

1.2　研究目的与意义

1.2.1　基于开放空间对居民游憩需求的满足,提高城市生活品质

1995 年在哥本哈根举行的世界首脑会议通过的《行动纲领》提出"社会发展的最终目标是改善和提高全体人民的生活质量"。这一世界性的潮流也早已在我国提倡,生活质量被国家列为决策和发展的目标。从改革开放至今,提高生活质量已成为中国人普遍的价值取向。

医学之父、古希腊名医希波克拉底说过:"阳光、空气、水和运动,是生命和健康的源泉。"这句话传诵了 2 500 年。这些供给生命健康的要素主要由城市开放空间系统供给。市民可在这个自然系统中自由、悠闲地漫步、跳舞、赏景,享受闲暇,获取在工作中耗费的能量,提升再创造(re-creation)的能力。

生活质量应主导城市发展。营造人性化城市的核心,就是要强调从保障居民健康、居民生活的角度出发,创造宜人的城市开放空间系统。1883 年,克里弗兰在明尼阿波利斯(Minneapolis)发展的几十年前就保留了公园系统,如今,城市中湖光水影、树荫婆娑,成为该城市居民精神生活的来源和生活品质的保障。我国处在高速城市化的进程中,现今很多中国城市已被建成了"钢筋森林",缺少公园、绿地,其深层问题是城市开放空间少,缺少能量生产系统。试想,如果能在自然资源还未被占用之前,作好开放空间系统的保留和构建,将会为城市留下无价的财富,为居民游憩需求提供充分的物质条件。优质的开放空间系统将让居民愿意走出室外,享受阳光、空气、水和绿地带来的能量供给,同时在日常交往、团体活动、体育运动中增进沟通、理解。创造保证居民的安全、健康和适宜的生活条件,让城市的社会价值和经济价值并重,使从生产物质财富的"工厂"向健康生活的"源地"转变。

1.2.2　探索适合中国居民生活的规划方法,提升开放空间人文价值

以英国开放空间法的颁布为代表,围绕不同城市发展时期市民的城市生活问题,西方已逐步形成了一套从体制、机构,到规划、实施的城市开放空间规划体系。这套体系依据时代变迁、城市发展、市民生活的变更,不断地调整和修正,成为西方城市规划体系中的重要部分,也成为西方居民城市生活品质的保障。通

过对西方这套体系的研究,可吸取其发展经验,认清其不同阶段的局限性。但要使西方经验能在解决我国当前面临的发展难题中发挥作用,就必须认清我国与西方社会、经济、文化的不同,特别是在资源基础、城市密度、居民偏好及民族性等方面的差别。围绕有中国特色的居民游憩需求展开研究,形成适合中国国情的中国城市开放空间规划理论体系,充分结合现行体制和社会发展阶段的实际情况,将此理论的指导思想、规划理念、内容和方法等,分阶段地融入中国城市规划体系中,向发展"人性化"城市的理想迈进。

归根结底,本书围绕问题"如何规划适合中国居民生活的城市开放空间系统?"展开研究。

1.2.3 研究高效利用开放空间的规划模式,促进人居环境和谐发展

在我国,当下众多的城市正承受着粗放型经济导致的高耗能、高排放、高污染给环境和资源的压力,面临城市二次转型。近几年来,中国不少大城市都以"休闲型城市"为建设目标,杭州、成都、昆明和南京等都在积极倡导游憩、着力建设游憩设施、打造游憩文化和丰富游憩内容。在大城市的示范和带动下,全国中小城市正在把游憩作为城市的重要功能之一。有些城市已经从以旅游型为主的城市开始向全面游憩型的城市转变。

在美国有 1/3 的土地用于游憩,有 1/3 的收入付给游憩,有 1/3 的时间投入游憩[15]。城市游憩功能的实现离不开城市用地的依托,城市开放空间系统是城市游憩功能的物质载体,是居民游憩活动实施的前提,也是国内游憩产业的首要空间保障。在一些发达国家,土地利用的最大压力就是游憩用地的需求。在高密度发展的中国城市中,我们更是面临游憩用地、设施匮乏的现状。要达到集约用地的目的,尊重每一处土地资源,就必须使游憩需求和用地达成最佳的供需关系,使现有用地得到充分的使用,使开放空间用地得到系统地论证和规划实施,并与设施供给、项目策划、指导、培训、回馈及管理等连锁产业充分结合起来,这就凸显了城市开放空间规划的重要。

城市开放空间规划,可达到高效利用空间资源的目的。该规划是一个完善的系统规划进程,主要内容包括对现有用地、设施的使用效能的调查、考证;实时对居民游憩需求的调查、统计。除对开放空间总体结构、数量、设施配给等进行总体调控之外,还应在配套项目输送计划、后续管理策略定制;以及使用情况的反馈、统计和对空间使用进行调整。由于该规划基于居民的游憩需求而"量身打造",地方性、可塑性、动态性强。而且休闲游憩业是一个具有高度关联性的产

业,其发展几乎会波及所有行业。其发展将带动城市休闲产业的发展以及休闲经济的体制化、集团化、连锁化,更加充分地利用时间和空间资源,为大众提供更贴近生活的城市开放空间系统。

人居环境是人类工作劳动、生活居住、游憩和社会交往的空间场所。人居环境科学研究强调以人为中心的人类聚居活动与以生存环境为中心的生物圈的和谐关系。在城市中,人的需要最基本的是与自然的接触和人与人之间的交往,城市开放空间系统是维系人与自然和谐共处的主要空间基础,是人们交往的空间载体。从"游戏场地运动"中在贫民窟修建为儿童设计离家最近的游乐场地,"奥姆斯特德公园系统"中人们平等地享受阳光、空气、绿地的场景中,我们看到:在城市开放空间规划过程中,从人文关怀出发,从社会公平角度,设计各经济收入群体便捷可达、满足其身心健康需求的城市开放空间系统,在满足此最基本功能的目标下去进行规划,才能真正创造和谐健康的人居环境。

1.3　研究内容、方法与框架

1.3.1　研究内容

1. 概念界定

(1) 城市开放空间(Urban Open Space)

"开放空间"一词最早出现在 19 世纪的英国和美国。为了改善居住在肮脏拥挤条件下的工人阶级的生活质量和健康状况,英国和美国开始了开放空间,特别是公园的建设,如英国于 1843 年动用税收建设利物浦的伯肯海德公园,向公众免费开放;美国于 1858 年在寸土寸金的曼哈顿岛建了第一个城市公园——纽约中央公园(MacMaster N,1990;Percival E、Thomas S、Kendle T,1993)[16]。

城市开放空间是一个在西方国家土地利用规划中使用的术语,也称为"开放空间",最早出现在 1877 年英国伦敦制定的《大都市开放空间法》(Metropolitan Open Space Act)中。随后,1906 年修编的《开放空间法》(Open Space Act)第 20 条将开放空间定义为:"任何围合或是不围合的用地,其中没有建筑物,或者少于 1/20 的用地有建筑物,作为公园(garden)和游憩(recreation)场所,或用于堆放废弃物和不被利用的区域。"[17]美国 1961 年的《房屋法》将开放空间定义为：城市区域内任何未开发或基本未开发的土地，具有公园和供游憩用的价值，土地及其他自然资源保护的价值，历史或风景的价值[18]。1990 英国乡镇规划法案（The Town and Country Planning Act）在 336 章定义开放空间为"任何作为公共花园的土地或者用于公共游憩目的的土地，或者废弃填埋地"。[19]

　　维基百科（Wikipedia）将城市开放空间（Urban Open Space）定义为："在土地利用规划中使用的术语，包括公园，绿色空间和其他开放区域的地区。类型范围涵盖从人工景观、游戏场，到被高度保护的自然环境等。通常不包括城市范围外的地区，例如州立和国家公园，以及乡村中的开放空间。"城市开放空间"是一种自然和文化资源"与"未被使用的土地"；是"露天土地或者水域，为达到某种目的获取的受公共管制的用地。除提供游憩机会之外，还用于服务保护和完善城市功能"[20]。美国 APA① 规划师辞典（A Planner Dictionary）将开放空间定义为："受保护的土地和水区域，作为主动或者被动游憩区域使用，或者在未发展的状态下，作为资源保护使用（Cecil County, Md.）。用于游憩、自然资源保护、便利设施或者缓冲地区的土地（Lake County, Ill.）。适合于被动游憩使用或者为发展地区提供视觉慰藉的地区（Maynard, Mass.）。被美化或者本质上未被利用，用于满足人类游憩或者空间需求，或者用于保护水、空气、种植地的一个地区或者一部分用地。"[21]（Clarkdale, Ariz.）在西方国家的城市开放空间概念中，均凸显其游憩功能和物理形态上的开敞性，以及使用上的公共性、保护用地的自然属性以及视觉美观特性[22]。

　　20 世纪 90 年代以来，国外开放空间的定义被逐步引入国内，从形态学（沈德熙和熊国平（1996）、余琪（1998）等）角度介绍了美国、日本和英国对开放空间的定义。从类型学（周晓娟（2001）、刘德莹等（2001））以及形态学和类型学结合的角度，对开放空间进行了定义，卢济威和郑正（1997）、郑妙丰（2001）、满红和孙琦（2004）、傅佩霞（2004）等认为"开放空间是指城市公共外部空间，一方面是指比较开阔、较少封闭和空间界定要素较少的空间，另一方面是指向大众敞开的多为民众服务的空间，包括自然要素、广场、道路、公共绿地和休憩空间等"，其兼顾自然和人文属性，成为引用较多的定义。与西方国

---

　　① 　美国规划师协会（American Planning Association），最初成立于 1909 年华盛顿第一届国家城市规划大会。前身是 1917 成立的美国城市规划研究所（American City Planning Institute, AIP），于 1978 年联合美国规划官员协会（American Society of Planning Officials, ASPO）成为最有影响力的非营利性规划师团体，包括 40 000 成员，16 000 名规划师。

家的认识相同,也有一些学者从社会学和类型学角度分析了开放空间的内涵(房庆方等,1998;秦尚林,2000;唐勇,2002;郭旭等,2002;张京祥、李志刚,2004;李峰等,2004),多关注开放空间的社会功能,认为开放空间是城市空间系统的一个子系统,是人们的公共财产;是向公众开放,允许公众进入,具有一定公共设施,为城市各种公共活动、社会生活服务的空间场所及环境;是由城市广场空间、绿色空间(园林绿地、城市森林、绿色廊道等)、步行空间和亲水空间等构成的网络系统[23]。

日英汉土木建筑词典将 Open Space 翻译为:"空地,绿地";Open Space 翻译为:"自由用地,公用空地"[24]。由于开放空间(Open Space)从内涵、类型、功能、自然和社会属性上均与我国规划术语:绿地(Green Space)和城市绿地系统(Urban Green Space System)有所区别,本书将"开放空间"作为其相应的中文规划术语。

(2) 城市开放空间规划(Open Space Plan)

ANJEC① 将开放空间规划(Open Space Plan)定义为:是一项可在区域(Region)、市域(Municipality)、县域(County)层面对开放空间进行保护和保留的规划。一个理想的开放空间规划应包括文本、图、图表、航拍图和其他材料,规划需阐明开放空间应被保护的原因,规划内容通常包括:调查社区居民的需求,确定目标,分析所有在规划范围内(受保护或不被保护的)开放空间,为保护提供一套策略和保护的优先权[25]。规划是一套促进社区开展开放空间保护和保留的工具,这套工具是系统的、经济的,并能最大限度满足社会需求和保护自然资源;也是社区的"发展清单",这份清单将社区的未来发展愿景以开放空间的形式表达。根据规划尺度和地方特性不同,规划名称有所差别,例如,纽约州开放空间保护规划(New York's Open Space Conservation Plan 2009)、伦敦开放空间策略(Open Space Strategies Best Practice Guidance 2008)、波士顿开放空间规划(Open Space Plan 2008 - 2014)、亚历山大市开放空间总体规划(the City of Alexandria's Open Space Master Plan 2007)等。

根据开放空间规划的主要功能,可将其分为两大类:为社会提供游憩和其他功能,自然价值保护功能(Tseira Maruani,2007);在此基础上的开放空间规划侧重两类模式:第一,"需求模式"——多为规划师和地理学家关注的,侧重人类游憩、审美、环境品质需求,通常表达为对不同开放空间类型的需求——多为临

① 美国新泽西州环境协会(Association of New Jersey Environmental Commissions)。

近城市和大都市区的花园和公园(French,1973;Heckscher,1977;Turner,1992;Tibbets,1998)。第二,"供给模式"——多为生态学家,自然资源保护论者关注的,侧重开放空间保护的模式,包括对社会的游憩和其他服务供给和对自然价值,现有景观和自然资源的保护(Safriel,1991)[26]。在美国规划类型中,出现了与其相关的常见规划类型:公园和游憩规划(Parks and Recreation Plan),以及绿色基础设施规划(Green Infrastructure Plan)。

以游憩体验,环境侧重点的不同为标准,按照 ROS 理论(Roger N. Clark and George H. Stankey,1979)将环境提供的游憩机会分为"现代"(Modern)、"半现代"(Semi-modern)、"半原野"(Semi-primitive)和"原野"(Primitive),作为横坐标[27];以 Gunn 在 1988 年[28]对规划尺度的分类,在国家、省或州尺度的"区域"(Regional),在市域、市区、社区尺度上的,包括邻近游憩资源、设施与社区"观光据点"(Destination);在基地尺度上的"场地"(Site)作为纵坐标,增加考虑空间设计和设施细部的"场所"(Place),得出人类活动与自然基底的矩阵,表达三类规划的关注面和重点三类规划的侧重点,如图 1-1 所示。

城市开放空间规划(Open Space Plan)的规划对象是"城市开放空间系统"(Open Space System),而不是单个开放空间场地,其类型涵盖"城市绿地系统"①。"城市开放空间系统"是指:位于市域范围内,建立在城市合理的功能布局上,保障城市生态安全的自然资源;以及主要用于满足民众游憩活动需求的,空间界定要素较少的,建筑以外各类空间的集合体。由于我国城市土地资源的稀缺和城市民众游憩场所分布、类型、数量的特殊性,我国的"城市开放空间系统"不仅包括公园、户外体育设施、绿地,而且包括:满足中国民众自古以来游憩习惯的非机动车道,例如,商业步行街、林荫道、巷弄等,涵盖广场、公共庭院等。由于土地资源使用的集约性,也包括有大量游憩设施的校园、屋顶花园、半地下空间等,而且是一个相互关联的网络体系。从总体上看,城市开放空间系统担负着提升城市户外生活品质、保存城市自然特性、引导城市优化发展等多重空间功能,是展现城市生态、社会、文化和经济多重目标的载体[29]。

为了与《日英汉土木建筑词典》中将"Open Space System"翻译为的"绿地系统"区别开来;同时参考该词典对"Open Space Plan:空地系统规划,绿地系统规

---

① 在"城市开放空间分类"中有具体分类说明。

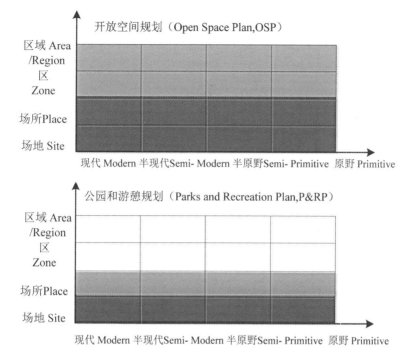

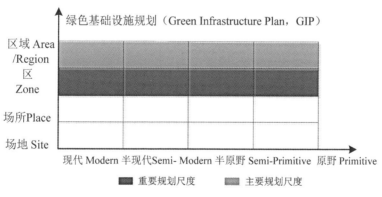

图 1-1　OSP　P&RP　GIP 规划尺度及重点

划"和"Open Space Planning：绿地规划"[30]的翻译。本书将"Open Space Plan"翻译为"开放空间规划"作为文中的研究关键词，将规划尺度重点锁定在市域范围，主要研究对象名称是："城市开放空间规划"。

（3）游憩

游憩，相应的英文单词 recreation 来自拉丁词根 recreare；指再生或恢复，得到补充给养。对意识、精神、身体的"再创造"是游憩的本质[31]。游憩指通过游玩、娱乐或放松等形式达到对身心精力恢复的目的。内容可以是主动的,例如划船、钓鱼、游泳;也可以是被动的,例如欣赏大海的自然美景、野生动物等[33],但大多是发生在户外的活动(Temple Terrace,Fla.)。与游憩相关的概念有:游憩者、游憩体验、游憩满意度、游憩活动、游憩行为、游憩需求、游憩动机、游憩设施、游憩产业、游憩支持系统、游憩计划及游憩管理等。

游憩学,是以人的游憩行为、动机、心理及需求等为主要研究对象,探索游憩在人生命中的价值,以及游憩与人类文明、社会发展、人与自然和谐共生相互关系的学科。游憩学借鉴和采用了哲学、社会学、经济学、行为学、人类学、文化学和地理学等多学科的思维方法和理论工具,形成了游憩地理学、游憩社会学、游憩行为学、游憩经济学和游憩心理学等多学科交叉研究的理论成果[34]。"游憩学理论实质上是城市社会生活与社会发展理论","游憩系统包括游憩活动与游憩空间两个部分,共同形成游憩景观,表现为游憩文化,本质上是生活结构的反映"。"游憩理论的真正建立和发展将会形成以生活为中心的城市规划设计理论。"(吴承照,1998)游憩学的研究对象是社会生活,应用到研究城市发展领域进行解析,则是以城市居民的日常生活为研究主体,以城市居民游憩行为、动机、偏好和需求等为主要研究对象的理论。

目前在该研究领域,与"游憩"相似的概念还有"旅游(Tourism)"和"休闲(leisure)"。对于三者之间的关系,很多学者都对其进行了探讨(表1-1)。

表1-1 "游憩"、"旅游"、"休闲"的异同(作者根据相关文献自制)

名 词	游 憩	旅 游	休 闲
定义	"游憩"指再生或恢复,得到补充给养。对意识、精神、身体的"再创造"是游憩的本质[37]。通过游玩、娱乐或放松等形式达到对身心精力恢复的目的,内容可以是主动的,例如,划船、钓鱼、游泳;也可以是被动的,例如欣赏大海的自然美景、野生动物等[38],但大多是发生在户外的活动(Temple Terrace,Fla.)	"旅游"的本质是离开居住地一定的时间和距离;具有明确的目标和动机;是一种社会经济现象,能刺激地方经济社会发展	"休闲"是人们在闲暇时自由选择参与某些个人偏好性活动,并从这些活动中获得身心愉悦、精神满足和自我实现与发展(宋瑞,2001)[38]
空间特征	室外;本地居民多居住地附近发生	离开居住地一定距离的行为	室内和室外

名 词	游 憩	旅 游	休 闲
活动特征	偏重游乐、健身等积极的活动	积极和消极的活动	积极和消极的活动
时间特征	一般是在目的地停留不超过24时(不过夜)的行为	多指人们在目的地过夜的行为	无明显时间限制
研究主体	社会生活　开放空间　产业	产业　资源　价值	社会生活　娱乐资源　产业
三者关系	交集关系	交集关系[37]	交集关系
相关术语	游憩学、游憩者、游憩体验、游憩满意度、游憩活动、游憩行为、游憩需求、游憩动机、游憩设施、游憩产业、游憩支持系统、游憩计划和游憩管理等	旅游经营/代理商、旅行社、旅游点、旅游产品、旅游饭店、旅游规划、乡村旅游、生态旅游、景区、旅游资源和旅游开发等	休闲服务、休闲管理、休闲娱乐、休闲产业、休闲产品、休闲市场营销、休闲场馆、营销策划和健身中心等

"旅游"的本质是离开居住地一定的时间和距离;具有明确的目标和动机;是一种社会经济现象,能刺激地方经济社会发展。游憩和旅游的关系是交集关系[34]。从空间上看,旅游是离开居住地一定距离的行为,本地居民在居住地附近从事的游憩活动如聊天、散步等不属于旅游;从时间上说,旅游多指人们在目的地过夜的行为,游憩一般是在目的地停留不超过24时(不过夜)的行为。

"休闲"是人们在闲暇时自由选择参与某些个人偏好性活动,并从这些活动中获得身心愉悦、精神满足和自我实现与发展(张广瑞、宋瑞,2001)[35]。从空间上看,休闲发生的场所包括室内和室外;从类型来说,涵盖范围很广,依据给个人带来身心愉悦、放松、个人偏好而定,具有自由性、个体性等特征。但休闲具有极大的自由度,个人的判断标准不一,其活动性质可分为积极和消极的休闲。文中定义的"休闲"和"游憩"在发生动机上相似,但游憩大多发生在户外,偏重游乐、健身等积极的活动。

2. 研究问题

本书主要围绕以下三个研究问题展开：

（1）城市开放空间规划的方法论内核是什么？

（2）如何基于中国居民生活，探索一套适合中国城市的开放空间规划方法？

（3）高效使用开放空间资源的城市开放空间规划模式是什么？

1.3.2 研究方法与技术路线

本书主要分为理论研究、案例研究和实证研究部分，在不同研究阶段使用的研究方法各有侧重：

（1）归纳法

在理论研究阶段，运用归纳法分析了城市开放空间规划理论和游憩理论的重点，并从两个学科结合的领域引发出了本书的理论研究框架。

（2）案例研究法

通过上海市，以及与北美 Waterloo 和 Kokomo 城市案例研究，进行了基于供需匹配度分析的量化研究；基于开放空间使用偏好的空间特性研究和基于居民生活方式的城市开放空间规划模式研究。

（3）实证研究法

选取上海徐汇滨江开放空间和苏家屯路，验证了研究中得出的供需基本模式和"多维度"模式在案例空间中的体现。并证实了案例空间对提升使用者生活品质的作用。

（4）统计学分析技术和软件编译、网络工具

在案例研究和实证研究中，结合统计学和数学手段，应用 Stata，excel 软件，通过调研、访谈等数据结果的统计，推理发现城市居民游憩需求、行为、偏好的规律和模式及其与城市开放空间系统的内在关系，并将其提炼、概括和抽象。

在 OSPS 软件设计阶段，运用计算机编程语言，Java Script 软件工具和网络技术，基于前阶段的理论研究和规划导则，进行以 web-based 公众参与城市开放空间规划综合软件的开发。

1.3.3 研究框架

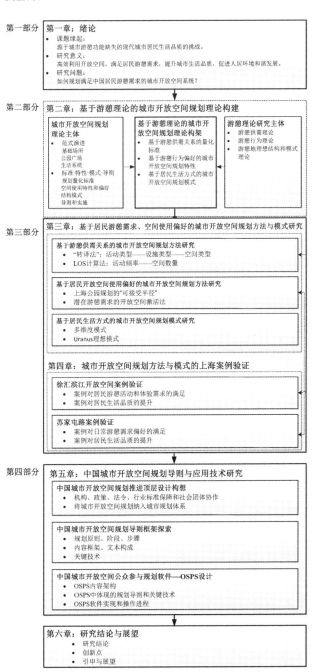

图 1－2 本书研究框架图

第2章
基于游憩理论的城市开放空间规划理论构建

2.1 城市开放空间规划理论主体

2.1.1 范式演进

以欧洲和美国为代表的西方城市开放空间规划,伴随城市发展、社会生产方式变迁而发展,产生了多种规划范式(表 2 - 1)①。规划始终围绕城市居民生活、游憩需求的变化而改变,协调城市与自然的健康关系,是维系城市居民与自然有机联系物质载体的重要规划类型,成为城市居民健康生活的来源与保障。

1. 基础场所范式

(1) 娱神场所

古代城市中开放空间多以独立类型存在,包括以祭坛、神庙、佛塔等为代表的"娱神"场所,满足商业活动、娱乐、竞技活动、社交、音乐活动及体育竞技活动等的集市广场、街道系统等,为保障城市居民的户外生活和精神生活提供了宜人的活动场所[38]。

近东城市时期(公元前 4000—前 3500 年),宗教节庆活动是居民主要的精神生活来源。宗教节庆活动看似与发生在神界的事情相关,其实它们是人类早期城市生活的中心和精神需求的释放。以祭祀、宗教节日、集会为主题的娱神活动是早期城市游憩活动的源头,以神庙、神塔、佛塔宗教建筑为中心的场地是城

---

① 部分内容发表于《美国城市自然保护与开放空间的历史演变》(吴承照、方家编译),载于《城市规划和科学发展——2009 中国城市规划年会论文集》,第 3891 - 3900 页,2009 年 8 月。

市开放空间的起源。在克鲁克文化时期(公元前 3500—前 3100 年),宗教认同感借助主神及其神庙形成;政治认同感通过防护墙维持[38]。神庙是最早出现的集会场所,它不仅是宗教机构,而且是周围居民生活的中心。

(2) 社区中心

随着古希腊时代的到来,产生了民主社会制度。大大丰富了居民社会生活内容,在"娱神"场所模式的基础上,产生了以承载体育活动、讨论公共事务、购物等日常生活活动的市民场所,以广场、街道系统、剧场和竞技场为代表。

古罗马时期的开放空间并不单单是一个开放性场地和平民生活的场所,而是在发展过程中逐步形成为一个完整的管区——圣祠、庙宇、法庭、议会和威严的柱廊环抱的开阔空间都是其组成部分,为演说家们对大群听众发表言论提供了理想的场所。共和时期,民众游憩活动中的宗教因素淡薄了,罗马广场集中了更为丰富的活动——演出活动、聚会和观看军事领袖游行行列。广场也同时是对外的联络中心,是罗马城政治和宗教中心、合法和非法交易中心、游手好闲者的主要聚会地。罗马时期的广场活动,是每日人们生活中的重要环节,广场也成为日常活动的必备场所。此时的城市广场兼具政治、军事、商业和游憩功能,统治者和城市居民的利益诉求相互交织,体现在广场的活动中。

中世纪市场(公元 476—1453 年)是城市开放空间中类型最丰富,开展活动最多的场所。自然发展起来的市场形状各异,虽然有的市场只是一条辗宽的街道,但许多市场很大,不仅可以摆设许许多多摊位,而且可供公众聚会和举行盛典[39]。广场结合教堂,成为中世纪城市的"社区中心",是盛大节日欢宴的场所[40]。广场上可以举行骑士比武大会,也可举行宗教的、世俗的庆典,更是游憩、集会的主要场所,例如,为提供饮水,公共喷泉兼具艺术品观赏和取水解渴的作用,围绕公共喷泉或给水站及其周边的广场,成为人们互相交往的地点,是会面和聊天的场所,传播新闻的地方,不下于茶楼酒店[41]。

中世纪城市的街道主要是步行人的交通线,而且还引人逗留。几乎所有博洛尼亚街道都围有柱廊,高度使人能骑马通过[42]。中世纪的人们习惯于户外生活:他们有射击场和滚木球戏场,用于玩球、踢球、参加赛跑和练习射箭,并且在家附近就有进行这些活动的空地。这些空地是离居住地最近的公园——小游园的原型,能满足日常的体育活动。如芒福德所说,总体来说,"中世纪城镇可用的公园和开阔地的标准远比后来的任何城镇都高"[43]。

（3）美学形态

文艺复兴时期（14—16 世纪），随着人主观能动性加强，人们认为数与宇宙关于美的规律决定了城市必然存在"理想的形态"，可以用人的思想意图加以控制。各种理想城市（Ideal Cities）的布局形态：正方形、圆形、八边形及同心圆等模式像"雪花"一样变化[44]。在"把城市的生活内容从属于城市的外表形式"[45]的典型巴洛克思想方法指导下，与城市居民日常生活伴生的城市开放空间系统，被"理想的形态"以及图案化的布局意识完全破坏，变得空洞而无效。对城市开放空间中大众活动的破坏以巴洛克城市的大街和居住广场的建设为代表。笔直的、长长地、宽阔的大街，分离了上层阶级与下层阶级在城市里的活动：富人乘车，穷人步行。"富人沿着康庄大道的中央轴线迈进，穷人靠边站，站到路旁排水沟旁去"。[46]

2. 公园广场范式

（1）公地与游戏场

工业城市产生后，由于自由资本主义阶段快速的城市化进程使人类居住模式迅速改变，大量人口往城市快速聚集。相对滞后的城市空间结构面临被动性调整，城市建设中出现了种种矛盾：畸形昂贵的地价、恶劣的居住条件、混乱的城市结构、阻塞的城市交通、严重不足的公共卫生设施、持续恶化的生态环境和不断退化的城市景观等[47]。1877 年，英国首部"开放空间法"的颁布，凸显了开放空间的地位和内涵：开放空间是保障居民健康、满足对自然向往，以及快速城市化时期"精神上的慰藉"的重要户外生活场所；是维系城市居民人性化成长和城市环境质量的关键区域，是城市生活的"命源"。

在美国新英格兰殖民地（New England settlement）中，保留的城镇公地（Town Common）具备家畜牧场、墓地、森林保育源、游憩地、民兵训练场和公众节庆集会场所等功能，有本国景观特色的，为满足居民与生活密切相关的需求而存在，而不是出于棋盘格式规划①。

1634 年，波士顿建立了波士顿公地（Boston Common），成为美国第一个出于民众户外生活需求的用地，公地可开展剥玉米（苞叶）会、酒馆体育、打猎、钓鱼和县集市等活动。

小型开放空间作为居住或商业用地配套的公共用地，出现在早期殖民地城

---

① 17 世纪时，资本主义把单独的建筑地块和街区，都作为可以买和卖的抽象的单位，产生了棋盘格式规划。

市规划中。例如,William Penn 为费城(Philadelphia)而作的 1683 年规划中,按照伦敦公共开放空间的模式,在居住区中规划了 10 英亩的中心商业广场和四个 8 英亩的广场,居住区均以网格形式围绕广场,从德拉威州河(Delaware River)到斯古吉尔河(Schuylkill River)绵延 2 英里[48]。

19 世纪中下叶,西欧各国和美国都已经进入了资本主义经济高速发展的阶段,工业革命导致新型工业城市在广大区域内像雨后春笋一样迅速生长出来[49]。

为了满足市民日常的游憩需求,美国于 1885 年发起了"游戏场地运动(Playground Movement)",以在波士顿贫民窟修建"沙盘花园"(Sand Gardens)为开端,为儿童设计离家最近的沙堆、秋千和玩耍器械,初衷是"避免儿童受到城市热、危险和脏乱环境的影响,从城市街道的玩耍中走出来,并且使家长和邻居轮流从照管孩子们的烦闷中解脱出来,使孩子们参加有指导的活动。"[50]在这个时期,有很多聚居区开始发展"模式游乐场地"(Model Playgrounds),唤起决策者为公众提供邻里公园和游玩场地的意识。

（2）公园

在 19 世纪后的城市发展中,在许多城市规划的方案中都体现了城市开放空间的重要性,营造一定面积的开放空间已经是提高城市质量和品位的重要途径[51];19 世纪 30 年代到 40 年代之间,中央公园(Central Park)以及后来的其他城市的奥姆斯特德(Olmsted)公园体现了社会阶层使用的平等性,促进了大众健康,以及底层居民和工人的道德思想发展[52];1893 年芝加哥哥伦比亚展会(The Chicago Columbian Exposition)宣告了另一个开放空间设计时代的到来,其中"白色城市"（White City）掀起了"城市美化运动"（City Beautiful Movement）;19 世纪 80 年代波士顿公园系统(Boston Park System)所作的"翡翠项链"(Emerald Necklace)保护河道,减轻洪灾,阻隔下水道,减少公共疾患,建立公园路(parkway),提供马车、人行道与其他公园系统相连;20 世纪 80 年代芝加哥郊区牧场路(Prairie Path in the Chicago Suburbs)和鳕岬铁路游径(the Rail Trail on Cape Cod)作为开放空间的一种形式,将历史工业区域转化为自然景观区域,并提供相应的游憩活动以及维护、标识、污染物管理和其他管理上的需求[53]。

3. 生活系统范式

（1）花园城市

1899 年,埃比尼泽·霍华德(Ebenezer Howard)建设"花园城市"（garden

cities)的提议指出:"花园城市"可作为一种介于拥挤工业城市与有田园风情,但有些乏味的乡村之间的场地[54]。"花园城市"实际是一种新的市郊形式,它能提供一系列类型的房屋和就业岗位,并通过火车(以及后来出现的高速公路)与大城市相连,在当地解决、提供社会、教育、文化和游憩活动。"霍华德模式"以一条婉曲的绿带为特征,将乡村土地从花园城市和它的邻郊中分离开[55]。

（2）公园系统

特别是在20世纪60年代前后,面对城市化对大都市区域和周边农田、森林、游憩地的侵蚀,居民游憩需求的极大增长和开放空间的严重短缺等问题,开放空间规划着力解决城市发展面临的生态、社会问题。此时规划理论快速发展,涌现了"公园层级""公园系统""绿道"和"绿色策略"为代表的开放空间规划范式,为解决城市居民游憩需求、建立城市与自然区域的友好关系提供了多种可能。特别是在美国60年代轰轰烈烈的游憩运动(recreation movement)①时期,涌现了大量的规划案例,但多以州为单位进行规划,如,1968年加利福尼亚州立公园规划(California State Park System),1972年加拿大安大略省区域开放空间、公园和游憩规划(Regional Open Space Parks and Recreation Component)。

在美国,"公园系统"模式的发展和应用,取得很好的效果,为当地城市居民提供了优质的游憩场所、创造了好的城市生活品质,还起到了很好的生态缓冲带的作用。"公园系统"模式以著名的"翡翠项链"(Emerald Necklace)规划和明尼阿波利斯(Minneapolis)的公园系统规划为成功案例代表。

（3）层级标准

1944年伦敦国土委员会(County Council)"大伦敦规划"中,Abercrombie提出的开放空间规划建立在"为游憩提供足够的开放空间,对促进和增强人们的健康是最关键的因素"的基础上,并发掘之前规划中每个城市开放空间分布极为不均的现象,设定了"开放空间标准"——"1.62公顷(4英亩)每千人"。

（4）复合系统

由于经历了60年代环境主义和"后现代主义"思潮的影响,城市开放空间系统规划在保持城市居民游憩使用的基础上,更注重贴近居民精神生活和规划效

---

① 1958年,美国国会建立了户外游憩资源评价委员会(Outdoor Recreation Resources Review Commission,ORRRC),调查了国民对增加的公众开放空间的需求[67]。

果,结合快速城市化进程中产生的"废弃地",如"棕地"、工业河道等地段的复兴,使开放空间的功能范围更加广泛。

自 1965 年开始发展起来的城市开放空间系统规划思想,是将分散的地块,如小型公园、游戏场和城市广场等联系成一个系统,此规划思想与城市复兴运动一起发展壮大,为增强城市活力和市中心吸引力作贡献。系统包括邻里公园、娱乐园、购物中心、跳蚤市场、街道集市及州立和区域公园等,为人们消磨休闲时光提供了丰富多样的地点。今天,绝大多数的邻里公园都含有 4 个历史时期公园的成分,很少有某种单纯类型的公园。城市开放空间系统规划中的代表性理论范式主要体现在层级理论、"光明城市"中的居住伴生空间、策略(Strategies 基金项目和重要机构)和"绿道"(Greenway)等方面。

20 世纪 90 年代初期,著名的城市开放空间规划研究学者 Tom Turner 在 London Planning Advisory Committee 邀请的战略伦敦开放空间和绿链的研究中,通过对绿带、现有绿链的调查,提出了"绿色策略"(Green Strategy)的城市开放空间系统规划策略。建议 LPAC 开展"伦敦的绿色策略",规划一系列相互叠合的网来代替单一层面的网。应该有分开的,为人行、自行车、骑马者,动物和植物构筑的不同层。这几层应叠合起来,但每一层都有其各自的属性,满足各自的标准。这是一种后现代的做法。包含"软质""硬质""单一使用""多用途",这一系列的叠合组成了"绿色策略","绿色"表示"环境友好的"而不是"植被状况好"。

(5) 高品质户外系统

90 年代后,从波兰、美国到维也纳,及至英国的格拉斯哥(Glasgow City Council,1999),在保护自然资源的同时,注重了对城市内的开放空间的游憩使用(Stadtp lanung Wien,1996)。例如,街道作为公共空间的重要性,以及如何使其变得有活力,吸引人使用,并起到改善社会生活的作用,受到广泛重视(Gehl,1987)。城市开放空间网络体系带来的潜在社会、生态、健康和提升生活品质的益处被越来越广泛地接受。随着"不仅仅关系到数字和比例,而是要创造一种人们所期盼的高质量和具有持久活力的城市生活"的城市复兴运动(Urban renaissance)[56](罗杰斯,1999)的兴起,在提升城市环境美学质量以及文化发展的需要、提高城市生活品质、增强城市和社区的吸引力的思想指导下,城市开放空间系统作为城市关怀人、陶冶人的重要载体,作为保障城市健康、持续发展的一种重要平衡力量,在规划思想、方法、标准和管理体制上都得到了长足的发展。

2006 年的伦敦战略公园项目报告[57]（London Strategic Parks Project Report）强调了开放空间在提升生活环境、创造有活力的、可持续发展社区中的作用，重申了城市开放空间的以下核心作用：都市复兴、经济重生、健康、社区认同感和发展、教育和终身学习、环境和生态保护及遗产和文化。美国联邦政府 2011 年 2 月颁布的《美国大户外倡议》（America's Great Outdoors Initiative，AGO）中，强调了社区为动力的战略，建立全国范围内的合作关系，使"让孩子在自己住家附近有户外活动场所；让我们农耕地和水源得到保护和恢复；让我们的公园、森林、水域和其他自然环境为了子孙后代而受到保护"。在 AGO 的倡导下，提出以社区为核心的城市开放空间的建设和管理策略，更贴近每个居民在城市中美好生活的诉求。

纵观历史进程，可以说城市开放空间的发展历程就是一部承载着人类城市户外生活的发展史。城市开放空间的发展、城市开放空间系统发展相互交织，其类型、数量、结构和管理策略等，伴随人生活方式的发展而变化。对城市开放空间进行系统规划可追溯到中世纪时期的街道系统雏形，在不同历史时期的居民城市生活和游憩偏好基础上，出现了视觉形态系统、城镇公地、小型开放空间、城市公园、游戏场、邻里公园、公园系统及绿道等不同规划范式、方法、策略。都以人的生活为内核，落实到开放空间系统的结构、数量、类型等方面（表 2 - 1）。

城市开放空间系统规划经历了理论萌芽阶段——以中世纪街道系统为代表；理论雏形初步形成状态——以广场、城镇公地、小型开放空间和公园为代表；理论成长阶段——以层级、策略、"绿道"、"绿色策略"和基于社区品质的开放空间系统为代表，即强调在规划进程中，体现公众价值和意识取向，在决策方法上由主观式、推理式等决策方法类型走向大众生活和需求的更合理式的决策方法。这些理论存在于城市开放空间系统的演变过程中，与城市发展伴生，新的理论模式不一定替代旧模式，而是共时存在每个时代发展脉络中，但在不同时代享有绝对的主导地位。

城市开放空间系统规划演变规律中体现的是：从人本主义规划角度出发，对"人文精神"（Human Spirit）的关注。注重从人文地理学和人类文化学的角度，观察、总结、了解城市居民的诉求，发掘出的城市居民自身的游憩活动规律（时空发展规律）和城市开放空间系统的对应关系（表 2 - 1）。

表 2-1　西方城市开放空间规划重要范式演变

历史时段	规划范式	内　容	规划目的/关键点	典型案例
基础场所范式：城市产生初期，承载城市居民户外生活，成为日常重要生活场所				
古代城市	独立开放空间	神庙、佛塔等"娱神"场所	满足宗教节庆活动对户外空间的要求	
古希腊		祭坛、广场、竞技场、集市、市政广场、市场、剧场	祭祀、体育竞技商业活动、娱乐、竞技活动、社交、音乐活动和体育竞技活动等城市居民日常户外生活的需求	
古罗马		广场管区	观看军事领袖游行行列的军事需要；社交、跳舞、看决斗表演、商业活动、演出和聚会的居民日常户外活动	
中世纪	"系统"雏形	街道系统；市场、广场、"社区中心"；射击场和滚木球戏场、家附近空地	公众聚会、武艺、体育运动比赛、庆典需要；饮水、交往、烹调、买卖、玩球、踢球、赛跑和射箭等居民日常户外生活	
文艺复兴		街道系统、视觉通廊	上层阶级的视觉愉悦	

公园广场范式

阶段一：以英国"开放空间法"颁布为代表，治理自由资本主义阶段快速城市化进程带来的"城市病"；保障城市化进程中居民生活品质

资本主义初期	独立开放空间	城镇公地	组织居民开展日常游憩活动：剥玉米会、酒馆体育、打猎、钓鱼和集市活动等	Boston Common
		小型开放空间	为公共活动预留空间、居住、商业和交通等用地的附属功能空间	William Penn Philadelphia 1683 Plan

续　表

历史时段	规划范式	内　容	规划目的/关键点	典型案例
资本主义经济高速发展(19世纪中下叶)		游戏场、邻里公园、体育运动场	满足城市居民游憩需求的持续增长	"Sand gardens" in Boston
		"城市美化运动"中装饰性的空间	试图以改造大城市的物质环境来解决社会问题,"满足城市的虚荣心",未从居民福利出发	Chicago's Grant Park "White City"

阶段二:倡导社会阶层使用的平等性,促进大众健康,以及底层居民和工人的道德思想发展

	公园系统	城市公园	满足居民对自然的向往,提供"精神上的慰藉",为穷人和富人对公共领域使用提供平等的权利	Centre Park
		公园系统	提供优质城市游憩场所和城市发展的生态缓冲带	Emerald Necklace

生活系统范式

阶段一:人口继续向已经过分拥挤的城市集中,农村地区进一步衰竭的问题深感不安(E·霍华德,1898)。通过协调城市与乡村的关系,以改造大城市与自然的和谐关系来解决社会问题

日益加速的郊区化时期(19世纪晚期至二战前)	花园系统	新的市郊形式,以"绿带"为代表性形态	满足人类对大自然的向往,提供日常游憩活动场地,建立城市居民与自然联系的通道	Letchworth Garden City
		游径系统	建立城市居民和自然的良好联系	Mackaye's Appalachian Trial

阶段二:二战后郊区化的加剧和高速公路建设的加剧,使大都市区中和周边的开放空间持续减少;城市居民和自然联系不断割裂

1950	公园系统	公园量化标准层级(Hierarchy)绿带	花园到公园,从公园到公园路,从公园路到绿楔,再从绿楔(green wedge)到绿带(Green Belt)的公园系统;满足不同地区城市居民的游憩需求	Abercrombie 1944 London Plan
		大型城市公园系统;区域公园(District Park)建设	美国5天工作日和两周假期休闲模式的改变,引发人们远离城市,到开阔的乡间和户外游憩	

续　表

历史时段	规划范式	内　容	规划目的/关键点	典型案例
1970—1980	绿道	铁路沿线系统"绿线公园"城市河道系统	将开放空间用带状系统联系起来,用于洪泛区修复、湿地保护、游憩、景观视觉等多功能用途	Rail Trail on Cape Cod I&M Canal
1990	"绿色策略"	连续网络体系	基于居民步行、自行车行为习惯,并连接合理的生态基础设施	Tom Turner London 1992
阶段三:城市复兴运动开展:提高城市生活品质,增强城市和社区的吸引力;尊重现存开放空间资源的有效使用				
2000 以后	高品质开放空间	"新城市公地"	将城市中、城市边缘区现存的、未利用的开放空间整合、管理,使其为周边居民提供高效的服务	GRASP 使用下的 Town of Hayden Open Space Plan
		基于社区高品质的城市开放空间系统	注重建设质量和效能,打造游憩、生态、景观、文化为一体的网络体系	Minneapolis bike system 2012

2.1.2　标准·特性·模式·导则

以"Open Space Plan"为主题,默认年限,对 Web of Science(SCI)数据库搜索的研究文献反映:该数据库中体现的对开放空间的研究文献呈上升趋势。

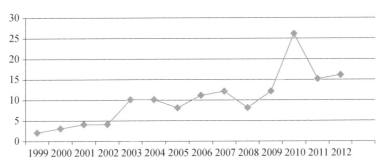

图 2 - 1　Web of Science 研究文献发表年度与数量①

---

①　"open space plan"为检索词,限定"主题"对 Web of Science(SCI)数据库进行检索,共有论文1 277 篇,以"URBAN STUDIES"和"PLANNING DEVELOPMENT"作为精炼研究方向,年限不限,搜索相关文章共 144 篇。搜索时间为 2013 年 3 月。作者依据 SCI"每年出版的文献数"图表报告绘制。

将与本书研究方向密切相关的主要英文出版物和以上搜集的学术论文进行总结和分析得出：英文文献中体现的对城市开放空间规划的学术研究主要包括规划策略、模式、标准、技术、导则、空间特性和使用者偏好七个研究方向①。研究内容、代表人物和书籍详见表 2-2。

表 2-2　城市开放空间规划研究主题②（来源：作者根据相关文献制）

研究主题	研究重点	研究地域范围	代表人物、书籍	时间
模式	市域和区域生态栖息地联通	市域区域	Huber Patrick R[58]	2012
模式	在都市区内规划生态网络	市域	Ignatieva Maria[59]	2011
模式	"供给"和"需求"为出发点的规划模式	市域和区域	Maruani Tseira[60]	2007
标准和模式	"从千人指标"到"绿色策略"的伦敦开放空间规划模式演变 绿道规划理念在 Britain 的应用	市域区域	Tom Turner[61-62]	1992 2006
技术	用"景观完整性"（"landscape integrity"）理论将分别从生态和游憩为出发点的规划整合	市域	Ex,Lindsay(M. L. A.)[63] Utah State University	2010
技术	用绿色基础设施整合破碎化的景观	市域	Hayden,Elizabeth[64] G. (M. A.)Tufts University	2007
技术	运用 GIS 将开放空间保护规划中的文化价值和生态品质结合	市域	Wang,Zhifang[65] (PHD) University of Michigan	2008
策略	北美 3 个历史城市中原有绿道系统和当代绿道规划关系的比较	市域	Erickson DL[66]	2004

①　部分成果发表于方家. 国内外城市开放空间研究现状比较[J]. 中国建筑装饰装修,2009(4)：196-199.
②　表注：以"Open Space Planning/Plan"为主题,分别对 PQDD 数据库进行补充检索,精炼与城市规划、景观规划设计研究范围的直接相关文献为研究对象。

续　表

研究主题	研　究　重　点	研究地域范围	代表人物、书籍	时间
策略	开放空间保护策略研究	州 区域 市域 城市	Lee，Se Jin[67]（PHD） The Florida State University	2011
策略	城市中的开放空间管理和使用	市域	Bailkey，Martin[68]（PHD） The University of Wisconsin	2003
策略	在城市开发和改造计划中考虑开放空间的重要性，传达了城市开发理念	市域	［美］亚历山大·加文、盖尔·贝伦斯等著《城市公园与开放空间规划设计》[69]	2007
策略	"如何对城市中人的关心是成功获得更加充满活力的、安全的、可持续的且健康的城市的关键。"提出城市开放空间规划和设计的"人性化"准则	建成区	Jan Gehl(Cities for People) New City Spaces Life between buildings-Using Public Space Public Space·Public Life	2000 2010 2011 1996
导则和实施	有效的规划程序、框架、方法、内容和指标	市域	Megan Lewis[70] (From Recreation to Re-creation：New Directions in Parks and Open Space System Planning)APA	2008
导则和实施	城市开放空间规划内容、规划程序研究	市域	Jack Harper[71]（Planning for Recreation and Parks Facilities：Predesign Process，Principles and Strategies）	2009
导则和实施	如何通过绿道、线性开放空间修复与自然的联系，介绍了绿道设计和执行程序、游径设计、水体游憩、设施设计进行了详细的阐述，为绿道规划的制定提供了参照	市域	Charles E. Little Greenways for America[72] ［美］洛林·LaB·施瓦茨编，［美］查尔斯·A·弗林克、罗伯特·M·西恩斯著《绿道规划·设计·开发》[73]	1995 2009

续　表

研究主题	研 究 重 点	研究地域范围	代表人物、书籍	时间
导则、方法和实施	21世纪开放空间的规划设计是如何满足人们的需求的,对开放空间的规划设计提出了一系列准则,包括政策、规划的挑战和分析;基于调查结果的设计策略;对开放空间使用的革新方法和应用等	建成区	Catherine Ward Thompson Open Space：People Space(1&2) OPENspace Research Centre	2007 2001
实施	实施规划及其目标和价值,通过若干个真实的成功案例,介绍规划如何通过机构与在社区实施有机结合起来	建成区	California Park and Recreation Society CPRS (Creating Community_ An action plan for parks and recreation)[74]	2008
使用者偏好	从使用者对开放空间需求的调查中发现规律,得出空间规划和设计的策略和指导思想	建成区	Mark Francis[75] Urban Open Space：Designing for User Needs	2003
空间特性	基于亚太城市与西方城市的差异,针对独特人口密度、社会、文化和经济条件,寻求亚太城市自身的发展开放空间的方法。包括空间规划、设计、投资、管理、使用和维护	建成区	PU Miao Public Places in Asia Pacific Cities：Current Issues and Strategies	2001
空间特性	从街道与街区模式,从多样性、地理环境、秩序与城市结构、尺度等多方面,分析了伟大街道的必备品质	建成区	阿兰·B·雅各布斯著《伟大的街道》[76]	2009

　　以"开放空间"为主题,默认年限,对中国知网数据库(cnki. net)搜索的研究文献反映:1997至2012年,该数据库中体现的对开放空间的研究文献总体呈上升趋势(图2-2)。

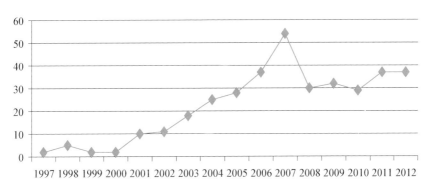

图 2-2　中国知网研究文献发表年度与数量①

　　我国关于开放空间的相关研究起步较晚,虽然南京大学地理系于 20 世纪 80 年代首次将开放空间的概念引入城市规划中,但城市开放空间作为独立的研究对象却始于 90 年代(苏伟忠,2002)。随着"宜居城市"、"可持续城市"、"生态城市"建设浪潮的兴起,虽然我国规划师和各级政府部门开始重视,但由于目前我国开放空间研究缺乏系统和全局观点,其建设还处在一个比较低的认识和实践水平上,即基本停留在促进生态和谐和景观美化的层次,没有注意到开放空间的深层社会文化价值,也没有考虑城市整体空间的演化和社会区域分布(张京祥、李志刚,2004;尹海伟,2008)[77]。将与本书研究方向密切相关的学术论文进行总结和分析得出:中国研究文献中体现的对城市开放空间规划的学术研究主要包括公共政策、规划和评价方法、量化、优先规划、结构和模式五个研究方向。研究内容、代表人物详见表 2-3。

表 2-3　国内城市开放空间规划研究主题(来源:作者根据相关文献制)

研究主题	研　究　重　点	研究尺度	代表人物	时间
公共政策	公共开放空间公共性与市场性对抗的表象及原因;基于为公共政策服务的公共开放空间概念新解;公共开放空间相关政策实效性改进的实践探索	城市规划区	洪涛 杨晓春	2008
	通过容积率奖励机制保证城市开放空间形成	城市建成区	吴静雯	2006
	基于转型期城市社会生活的变化,提出开放空间与社会生活的互动发展策略	城市建成区	孙晓春(博士论文)	2006

　　①　在中国知网(CNKI)数据库(http://dlib.cnki.net/)中,以"开放空间"为关键词和主题检索,与城市开放空间相关的文献共 420 篇,逐一筛选,选取与城市规划、风景园林、地理学科领域相关的文献 319 篇。搜索时间为 2013 年 3 月。

研究主题	研　究　重　点	研究尺度	代表人物	时间
规划和评价方法	使用状况评价(POE)(对经过设计并正被使用的设施进行系统评价)	城市建成区	王建武	2006
	公众意象的影响因素差异在开放空间的形成、发展和使用方式中的体现	城市建成区	石坚韧	2006
	城市开放空间人性化(利于生存,满足人的感官、心理需求)	城市建成区	罗艳林	2001
	城市开放空间经济价值评估方法:常规市场评估技术、显示偏好法、表达偏好法研究;在绿道、公园、湿地及城市综合开放空间等四种类型的运用	城市建成区	吴人韦	2007 2010
	城市开放空间与实际需求的差距,在体制、技术、组织、管理、实施及运作等方面的调整方法和建议设想	城市建成区	李红光(博士论文)	2012
量化	城市开放空间量化(人均公共开放空间面积和步行可达范围覆盖率评价指标),规划实践(深圳、杭州)	城市规划区	杨晓春 司马晓	2008
	深圳公共开放空间量化评价体系实证探索	城市规划区	李云 杨晓春	2007
技术	基于空间信息技术的城市开放空间信息系统设计,预测设计方案,实现城市开放空间系统的优化	区域	刘静玉 王发曾	2005
	使用GIS通过对上海城市开放空间格局、可达性、宜人性的分析,提出开放空间建设和保护策略	城市建成区	尹海伟(专著)	2008
	使用GIS对洛阳市区城镇化进程中开放空间系统进行分析,并提出优化策略	城市建成区	王胜男(博士论文)	2010
	用GIS对南京主城区城市开放空间格局的演变、机制进行分析,并提出优化策略	城市建成区	邵大伟(博士论文)	2011

续　表

研究主题	研　究　重　点	研究尺度	代表人物	时间
城市开放空间优先规划	我国城市规划必须走"开敞空间优先"的道路；城市开敞空间规划的生态机理研究	市域	王绍增 李敏	1999 2001
	强调绿地景观的生态服务功能,建立一专多能的生态防护体系是提高绿地生态服务功能的有效途径	市域	田国行(博士论文) 宇振荣	2004
	基于生态环境机制的城市开放空间形态与布局研究(开放空间类型和布局优先,生态完整与开放空间生物气候影响)	市域	王晓俊(博士论文) 王建国	2007
	以整合城市开放空间系统、增加总量的方式保障城市原有风貌	城市规划区	郑宏	2006
	基于景观生态学的城市开放空间格局优化	市域	解伏菊	2006
	理想的城市开放空间布局模式研究	城市规划区	徐小东	2008
结构和模式	对各类城市开放空间以及城市开放空间与其他城市用地之间的空间关系进行不同层次的优化组织的过程	城市规划区	胡巍巍 王发曾	2004
	开放空间系统整体优化和要素优化	市域	王发曾	2004
	城市开放空间的空间结构与功能分析	区域	苏伟忠 王发曾	2004
	以城市旅游开放空间带动广场空间,绿色空间以及游憩空间的恢复	城市规划区	曹新向	2006
	将零星分散的城市开放空间组成一个稳定开放的有机整体,并与城市其他功能系统有机结合	市域	洪亮平	2001
	以自然开放空间系统实现建筑、城市、园林绿地的再统一	市域	陆敏玉	2000
	注重山与水绿色开放空间体系的互构	市域	肖健雄	2003
	城市开放空间的生态空间形态和体系结构	市域	张军	2007
	构建社会空间与自然空间相结合的城市开放空间网络	城市规划区	郑曦 李雄	2004
	建构多层次现代城市开放空间系统	区域 市域 城市规划区 城市建成区	余琪	1998

总结城市开放空间规划的范式演进和国内外权威学术研究数据库文献,本书将城市开放空间规划的研究主体精炼为量化标准、空间使用特性和偏好、结构模式及规划导则和实施四个方面。具体内容如下。

1. 量化标准

在城市开放空间规划标准和策略的演变过程中,探讨"游憩供需关系"成为标准建立的重要基础。从 1870 年英国政府"开放空间法"的制定,到《美国大户外倡议》(AGO)策略的提出,城市开放空间规划策略的演变也始终围绕更好地协调游憩供需关系。从 20 世纪 70 年代起,注重需求调查,"以需求为导向"(Demand-based)调整的规划策略,取代了以固定指标为核心的规划标准,"以需求为导向"的规划策略形式始终占据主导地位[78]。至今,每次规划标准和策略的调整,始终围绕如何提高需求调查效度、调整各方利益关系、在规划中如何更有效地体现公众意见(表 2 - 4)。

表 2 - 4 西方城市开放空间游憩规划标准和策略演变(来源:作者根据相关文献制)

历史时段	国家、组织/典型案例	内　　容	规划目的/关键点
1870	英国政府	《开放空间法》(Open Space Act)明确提出并定义"开放空间"	改善城市环境品质、提高公共设施效能、居民健康状况,为大众提供合理的游憩场所
1885—1909	美国游戏场联合会(PAA)	"游戏场运动";由"沙盘公园"开始的儿童游戏场地建设	为城市流动儿童提供安全、有监管的游玩场地
1901	美国公园和户外艺术联合会(APOAA)	$2 \text{ hm}^2/1\,000$ 人	为儿童游玩提供场地标准
1925 1934 1938	英国游乐场地协会(NPFA)	$2.02 \text{ hm}^2/1\,000$ 人;$2.83 \text{ hm}^2/1\,000$ 人;$2.43 \text{ hm}^2/1\,000$ 人	提升底层居民的健康和生活品质,提供公园量化标准
1943	城镇规划研究所(TPI)伦敦阿伯克隆比规划	$1.62 \text{ hm}^2/1\,000$ 人;建立公园系统	"用于游憩和休息的充足的开放空间是维持和提升人们健康水平的最重要因素。""通过花园到公园,从花园到花园道,从花园道到绿楔,从绿楔到绿带……使居民从家门口到乡间成为可能"

续　表

历史时段	国家、组织/典型案例	内　　容	规划目的/关键点
1951	伦敦郡议会（LCC）伦敦发展规划	郊外：2.83 ha/1 000 人；未达到标准的地区：1.01 ha/1 000人	针对不同地区资源状况制定标准，提高公园标准的可实施性
1963	美国联邦户外游憩管理局（BOR）	《国家户外游憩法》（*National Outdoor Recreation Act*）	辅助私有的，以及地方、州相关组织开展游憩规划
1969	大伦敦议会（GLC）1976 年通过的大伦敦发展规划	发展绿带、大都市开放用地、开放用地（开放公园）；开放空间分级规划	加强游憩使用效度；保护城市区域内的开放用地
20 世纪70 年代	固定标准和指标存在越来越明显的弊端，向注重需求调查，"以需求为导向"调整		
1971	美国游憩与公园协会（NRPA）	4.05 ha/1 000 人标准；规划类型包括公园路、沙滩、市场、历史保护区、洪滥平原、中心商场、小公园、草坪等；新建城镇、规划发展单元、大型开发用地应有 25% 的用地用于公园、游憩、开放空间使用	拓展类型满足不同居民的需要；保留占一定百分比的土地储备作为开放空间使用，但依赖不同人口密度导致标准不同，不被广泛使用
1974	加拿大 Whitlam 旅游和游憩部	通过所需活动清单、设施使用、主要人群调查，进行游憩"活动参与和体验"为关键点的规划	提出提供固定标准的线性规划途径的不足，强调以居民"活动参与"为导向
1977	加拿大国家城市事务部	《城市开放空间导则》以 1972 年加拿大 376 个社区开放空间规划实践调查结果为基础；调整规划原则：理解利益相关者的价值，以及参与规划进程的必要性；区分长期、短期规划，以及综合规划和项目规划；考虑环境和审美因素的需要	不以单纯提供规划指标为目的，着重了解与居民密度、服务半径相关的开放空间使用动机

续 表

历史时段	国家、组织/典型案例	内 容	规划目的/关键点
20世纪80—90年代	居民需求为基础,注重规划的效度和各利益方的协调策略		
1984	澳大利亚新南威尔士环境和规划部	编制《开放空间规划导则》,评估现有开放空间供给情况;明确需求,如何满足未提供的需求;发展获取、改进和管理开放空间的项目	满足居民游憩和开放空间需求,决定开放空间获取和发展的政策和法规
1986	伦敦规划咨询委员会(LPAC)伦敦环境部(DOE)伦敦发展规划(UDP)	大都市开放用地成为整体和伦敦的物理结构;开放空间层级规划类别增加区域公园和线性开放空间;绿链规划	强调开放空间系统性,结合游憩和自然保护共同发展
1992	澳大利亚新南威尔士规划部	《户外游憩和开放空间规划导则》强调游憩供给数据采集、分析;土地评估、游憩需求调查与规划综合开展	通过社区咨询,协调不同利益群体的需要,基于游憩供需,调整规划方法
1992	伦敦规划咨询委员会(LPAC)	绿色战略:人的使用和自然的一系列网络层的叠合,包括人行道、自行车道、骑马道网络;植物网络;动物网络等	制定不只是"植被丰富"而是"环境宜人"的综合战略
1995	美国游憩与公园协会(NRPA)	《公园、游憩、开放空间和绿道规划导则》包括实体规划和策略规划;实体规划是公园、开放空间和游憩类别、规划标准;游径分类;策略规划包括规划程序、方法、项目设计、供给和实施等	保障规划效度、以"需求为基础的,以设施为驱动的、土地面积计算为导向的"系统规划法,注重多方面综合协作

续　表

历史时段	国家、组织/ 典型案例	内　　容	规划目的/关键点
2000 后	社区需求为基础,注重对现有资源的利用和整合及以社区为动力,提倡公众参与		
2001	英国游乐场地协会 NPFA	《规划补充导则》 在规划进程中强调对当地供给数量的评估、确定当地标准、对规划策略的调整	保证现有资源利用和规划效度
2004	大伦敦建筑和建成环境委员会 大伦敦政府伦敦规划 The London Plan GLA	《开放空间策略实施导则》 开放空间分类、面积、离家距离和可达距离; 提升开放空间品质的方法,包括资金、如何鼓励当地社区发展以及建立合作关系	提高使用者对开放空间使用的效果,促进社区建设和发展
2006	大伦敦政府	《伦敦公园战略项目报告》 区域和大都市公园定义拓展; 策略和供给、配送项目; 评估方法; 增强现有开放空间的使用和连接	促进都市复兴、经济重生、增进健康社区认同感和发展
2008	英国前游乐场地协会 (NPFA) 现 FIT (Fields in Trust)	《户外运动与游乐规划和设计》 规划政策、法定框架,可持续的发展进程;针对数量、质量、可进入性的新规划途径;游憩设施安全性	基于使用效度,强调开放空间供给数量、质量、可进入性,以及确保实施和使用的综合策略
2011	美国联邦政府	《美国大户外倡议》(AGO) 以社区为核心的开放空间建设和管理策略	"让孩子在自己家附近有户外活动场所;让我们农耕地和水源得到保护和恢复;让我们的公园、森林、水域和其他自然环境为了子孙后代而受到保护"

2000 年后,在美国城市中,开展以五年为单位,以当地居民需求和资源状况为基础的城市开放空间规划已是较为普遍的现象。以波士顿市开放空间规划、明尼阿波利斯公园系统和游憩规划以及纽约市开放空间规划为代表。

以美国 NRPA 和英国 FIT① 为代表的组织和机构,不断探讨和调整城市开放空间规划的标准。例如,美国 NRPA 1995 年出版的《公园、游憩、开放空间和绿道规划导则》[79]（*Park*，*Recreation*，*Open Space and Greenway Guidelines*）是迄今为止美国各城市普遍参照的城市开放空间系统规划的全国标准。标准对公园、游憩、开放空间和绿道规划的框架、方法、分类及标准都作了详细的研究和介绍,重点阐述了如何根据社区特色和居民需求,制定有当地特色的州级、市级的城市开放空间规划。

英国 FIT 自 1925 年起,在年度报告中强调了为居民,特别是儿童的体育活动和玩耍提供足够的户外游憩设施。30 年代,此类建议被普遍称为"六英亩标准"（The Six Acre Standard）,该标准定时更新。2008 年,《户外体育运动和游憩规划设计》[80]（*Planning and Design for Outdoor Sport and Play*）的出版,弥补了以往标准的不足,成为英国城市开放空间规划,特别是体育和游憩用地规划设计框架和标准的最新参考。

2. 空间使用特性和偏好

空间使用特性的研究角度主要体现在对关键词："People"（居民）和"Public life"（公共生活）的关注和理解中。

丹麦建筑师扬·盖尔总结出居民户外生活的规律、偏好以及与城市开放空间的相互作用,积累了大量研究居民户外生活和空间的研究方法,提出"如何对城市中人的关心是成功获得更加充满活力的、安全的、可持续的且健康的城市的关键",并总结了城市开放空间的规划和设计的"人性化"准则[81]。

扬·盖尔通过交往与空间（Life Between Buildings）中"观察—归纳—总结—创新"的研究思路,通过对城市居民户外活动的观察,总结出户外活动的类型,以及户外活动与开放空间质量的相互作用,提出规划应按照人们的社会关系、社会结构进行。通过实例的研究和长期观察,从人的知觉、交流与尺度等人的交往为出发点,从心理学角度分析、总结活动规律,提倡创建符合人户外生活行为特征和规律的空间,阐述了规划和设计户外场所的准则[82]。"公共空间·公共生活"（Public Space·Public Life）从建筑学和心理学角度,为研究居民的户外生活特性提供了翔实而系统的研究方法。扬·盖尔通过现场观察、步行交通量计数、记录静态活动（绘制活动分布图）等调查方法,并辅以调查访问、问卷调查作为观

① 英国环境保护基金会（Fields in Trust，FIT，原国家游戏场地联合会 National Playing Field Association）。英国最具影响力的公园和游憩组织之一。

察的补充,基于调查总结,提出对哥本哈根城市的发展思考与建议。[83]"人性化的城市"(Cities for People)在"城市是为人而建的"理念指导下,从人的感官与尺度、城市中人的生活、行为特征和偏好出发,总结了充满活力、健康、安全的城市开放空间形式,如,柔性边界、步行优先的街道、多采用坡道而非阶梯等,提出应从生活到空间,再到建筑的规划次序,是 21 世纪城市的普遍规划要求[81]。

缪朴(2007)基于亚太城市与西方城市的差异,针对独特人口密度、社会、文化和经济条件,寻求亚太城市自身的发展开放空间的方法,包括空间规划、设计、投资、管理、使用和维护等内容。也用理论、类型学、案例研究的方式,展示了各种设计和规划策略。多用观察、阐述事实的方法,对现有亚太区城市居民的生活方式进行了调查和总结,包括人们游憩方式、购物习惯、居住习惯等,针对大广场缺乏亲和力、公园使用频率过高、建筑物沿街未得到合理利用等问题,提出有亚洲特色的城市开放空间发展策略。如要建造众多小庭院而非一个大型广场、铺砌的花园而非英国式的景观公园、建筑与开放空间要有重叠功能而非单一功能等。提供了很多基于亚洲城市特点和居民生活特殊性的个案[84]。

Rogers(1999)认为,我们"在城镇重创造的美好空间,应该是社会性的,应避免提供使用机会的不一致,并且增进平等和团结"。[85]城市开放空间的研究与社会发展过程中的人类需求密切相关,并为促进社会有机进步提供了物质载体。关注不同社会群体的空间偏好中,常涉及城市开放空间与社会学结合的研究。例如:A. Timperio 等(2007)公共开放空间是否能够成为人们平等穿越的地域[86]。Erik Nelson 等(2007)对美国人民对不同层次的开放空间保护的投票情况的分析[87]。Belinda Yuen(2005)对新加坡居民关于屋顶花园的感受和期待所进行的调查[88]。Maureen E. Austin(2004)对密歇根州汉堡镇居民关于开放空间保护的观点调查[89]。Paul H. Gobster(2004)在城市边缘区对私人农田和公共绿道的保护和管理[90]。此类研究都为城市居民的空间偏好与特性研究奠定了基础。

3. 结构模式

城市开放空间规划模式研究主要体现在供给(supply approach)和需求(demand approach)两个角度中,2007 年 Tseira Maruani 总结了随机模式(Opportunistic Model)、空间标准——量化模式、公园系统模式、花园城市——综合规划模式、形态模式、视觉景观模式等与市域范围内的城市开放空间规划模式[60](图 2-3)。

Catharine Ward Thompson(2002)[56]从开放空间网络体系理念出发,分析

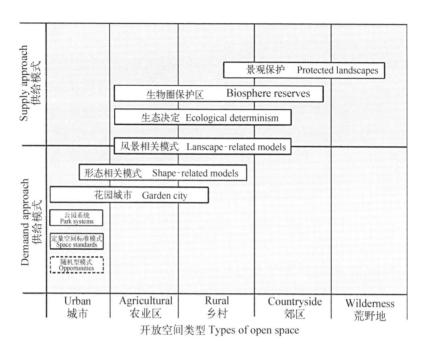

图 2-3 城市开放空间规划模式

(来源：作者根据原表[92]翻译、绘制)

了以及其对社会、生态、健康和生活品质带来的改变,强调了民主社会中开放空间的角色,及其作为社会空间的城市空间网络体系,将"避难所"与"自然"相结合。作为绿色网络,激发了乡镇中的种植业,并强调了开放空间的社会属性和人类在城市开放空间活动中的意识。Jane A. Ruliffson 等(2003)论述了芝加哥都会区的开放空间规划如何达到保证公众可达性和保护代表物种的目标[74]。

国内对城市开放空间结构模式的研究,主要体现在宏观结构、中观布局形态以及微观环境设计方面。例如,苏伟忠(2002)[92]进行了城市开放空间多角度分类,提出了其多重功能与目标、多层次空间结构、空间组织界定和其发展的内外要求。郑曦、李雄(2004)[93]通过分析我国城市居民的生活方式、价值观和生态观,从城市开放空间的社会和生态属性两方面,提出建立既要满足人的需要又要服务于城市开放空间生态体系的城市绿色网络,并阐明"宽适空间"在网络中的特殊性和重要性,探索出"化整为零"、突出特色、构建城市开放空间网络等适于我国发展的城市开放空间模式。王绍增、李敏(1999,2004)提出"我国城市规划必须走旷地优先的道路"[94-95];王发曾(2005)[96]阐明了开放空间系统优化须遵循的以人为本、系统一体、突出特色、效益同步及弹性空间的原则,提出城市开放空间系统优化六大对策。王发曾(2004)[97]还论证了整体优化应从调整市区的空间布局结构、强化开放空间系统的圈层一体化着手。解伏菊、胡远满、李秀珍(2006)[98]基于景观生态规划最优化原则,立足于斑块-廊道-基质的景观基本构型,对开放空间的景观总体格局进行了探讨。司马宁(2007)[99]提出了城市绿色开放空间系统的概念,认为城市绿色开放空间系统的生态保护和生态营建是组织架构城市空间景象和解决城市生态问题的重要途径之一,并分析了鄂尔多斯市绿色开放空间生态效益。

4. 规划导则和实施

(1) 以美国为代表的规划导则研究和制定[①]

2008 年美国 APA 出版的《从游憩到再创造:公园和开放空间系统规划的新方向》,通过不同规划师,以及各地的成功案例,总结了有效的规划程序、框架、方法、内容和指标,强调了如何提升现有开放空间的服务效度,充分利用公共参与进程,从城市居民需求出发,使开放空间更好地为居民日常生活服务,提高生活品质[100]。Jack Harper(2009)从居民需求和用地、设施供给和管理的角度,对包括开放空间规划、公园和游憩规划在内的五类相关规划作了详细的分析和介绍。从规划需要经历的资金筹集、制定目标、分析需求和预测未来趋势;如何有效开展公众调查、如何制定规划文本和规划实施、设施获取等若干重要进程,对规划体系作了整体的分析。是北美迄今为止最完整的规划参考著作,也对城市开放空间系统规划内容、规划程序等进行了介绍和研究[101]。

美国联邦和各州依据宪法享有和行使各自的权利,地方政府的规划职能是由州的立法授权的,因而各州规划行政体制之间的差异较大,具有以州为主体的地方自治特征[102]。由于联邦制国家政治体制的历史传统和文化原因,开放空间系统规划在不同的城市,其规划名称也有所不同。例如,在纽约和波士顿称为开放空间规划(Open Space Plan);在 Northampton 市称为开放空间和游憩规划(Open Space and Recreation Plan);Mukilteo 市称为公园、开放空间和游憩规划(Parks, Open Space and Recreation Plan)等。虽然名称有区别,但是都围绕开放空间系统、游憩两个核心内容——以城市居民的游憩需求为服务对象,将开放空间作为一个系统的物质规划对象,以改善城市居民的健康状

---

　① 　详见《美国城市开放空间规划的内容和案例解析　城市规划》(已录用)(作者:方家,吴承照)。

况与生活品质为目的,与城市环境和城市开放空间质量的提高和改善密切相关。

在尊重美国以州为主体的地方自治客观特征的前提下,选取有代表性的全美国家组织、州和市的相关规范和标准作为研究实例,结合中国各级规划行政管理职能和结构,从国家、州、市三个层面对研究对象进行解读;可认为美国城市开放空间规划分为国家级指南、州级纲要和市级规划三个层次。国家级指南主要体现在:美国国家游憩与公园协会①(NRPA)1995 年版的公园、游憩、开放空间和绿道规划导则(Park, Recreation, Open Space and Greenway Guidelines)中,是美国各州、各城市普遍参照的城市开放空间系统规划的全国标准。导则内容包括公园、游憩、开放空间和绿道规划的框架、方法、分类和标准,规划框架包括实体部分和规划策略部分[103]。NRPA 制定的州综合户外游憩规划纲要(State Comprehensive Outdoor Recreation Plan,简称 SCORP),用于指导公共和私有机构户外游憩规划。主要用于确立发展主题、估价和州级别户外项目,明确机构的角色和责任,为所有游憩活动提供者提供建议。市级规划在国家级和州级相关框架建议的基础上,根据每个市、县/镇的具体情况制定,当涉及每个市的规划内容时,多偏重对城市居民和社区需求的满足,以及管理策略的协调。Megan Lewis(2008)选出了当前全美 48个城市开放空间规划,通过对使用者、制定者的调查、比较,筛选出 9 个有代表性的近 5 年的规划[104]。通过对这些规划进行的分析,总结、归纳出这些规划共有的程序、框架和特征,可作为美国城市开放空间规划内容共性的总结。

(2)规划实施研究

2007 年由美国城市土地协会(ULI)与公共土地信托(TPL)两个协会联合进行了城市开放空间开发的研究,强调了在城市开发和改造计划中考虑开放空间的重要性,并传达了城市开发理念——"一个经过深思熟虑的实施的城市开发规划应该不仅仅包括好的建筑,它必须同时包括好的公园与开放空间,因为两者能够相得益彰"。通过 15 个包括线性公园、邻里公园、商业区公园、社区花园和滨水公园的案例研究,突出介绍了在新建和改造开放空间管理、资金筹措和规划方面的创新。特别突出了在联邦、州以及地方预算紧缩时,产生的众多市民参与公园创建与重建的案例,阐述了公众参与的重要性。并提出成功的开放空间不仅依赖于好的规划和彻底有效地执行规划,而且依赖于公共和私有组织对参与规

---

① NRPA 于 1965 年成立,是美国最具影响力的非营利性组织之一。旨在促进公民公共公园和游憩事业的发展。美国国内税收法(Internal Revenue Code,IRC501(c)(3))中规定的非营利性组织,总部设置在弗吉尼亚州的阿什本市,在首都华盛顿设有公共政策组。

划和管理的持续支持。提出美国的开放空间建造和改造包括"开发团队、征集土地,从城市预算之外的来源筹集资金,并确保每一步公众参与与规划整合到一起"。提出开放空间的开发与管理三种模式。官方组织、非营利性机构、私人机构和公众参与共同合作,才能成为成功开放空间开发的基础[105]。

加利福尼亚公园和游憩社团(California Park and Recreation Society, CPRS)作为美国最大的州专业团体,代表了超过 400 个市和州机构、学校、科研单位和为服务设施提供商品的企业,一直从事游憩和公园的专业研究。2008年主要进行了 VIP 实施规划及其目标和价值,通过若干个真实的成功案例,介绍规划如何通过机构与在社区实施有机结合起来。由于制定和实施规划的专业人员和管理人员对规划质量起到决定作用,概述列举了专业人员需要具备的素质和能力,并提出了面对未来需要提高的能力。通过制定远景目标、评估规划价值、明确任务、加强个人和专业人员发展及分阶段实施短期、中期、长期目标、实施规划这八个策略,对如何有效地制定和实施规划进行了介绍和阐述。该书重点在于介绍以社区为基础的 VIP 规划如何协调多方机构和公众的利益,如何有效地进行调研、调查居民的真实需要,并预测未来的发展趋势以及专业人士的培养。对前期调研、中期制定规划、后期管理和实施作了系统、全面的阐述[106]。

作为开放空间系统规划的重要类型,绿道规划内容也有丰富的实践成果。例如,《绿道规划·设计·开发》介绍了多种技术方法,并通过案例来说明技术手段的实施,结合大量建设细节和难题,对绿道设计和执行程序、游径设计、水体游憩和设施设计进行了详细的阐述,为绿道规划的制定提供了参照;案例还涉及了如何获得公众支持、资金支持、土地所有权和管理的内容,系统并完整地介绍了绿道规划的内容,包括规划前期建设权、资金获取、规划内容及实施和管理[107]。

在我国,虽然目前开放空间规划还未成为"正规军",但在一些城市已出现了此类规划。例如,针对我国的高密度城市发展特点,杨晓春、洪涛分别于 2005 年和 2007 年对深圳和杭州开展了开放空间规划实践研究。该规划以提高市民生活品质为最终目标,根据不同城市特色,制定发展对策和规划主题。对人均开放空间面积和步行、自行车行可达覆盖比率进行了量化规定,并针对现有资源状况,提出了空间优化发展策略。

"深圳经济特区公共开放空间系统规划",以"固本强基、和谐社区"为规划主题,通过保障足够的公共开放空间面积和数量,提高周边用地功能复合性、加强政府监管等手段,有效实现"公平"与"活力"。参照国外大城市规划标准和我国人均总建设用地及绿地、广场和体育运动场地等指标要求,设定了深圳特区人均公共开放空间面积配置标准的弹性区间:8.3～16.0 m²/人;将步行可达范围覆盖比率的规划目标设定为 60%～75%[108]。以"建设生活品质之城"为规划主题,"杭州主城区公共空间规划"中,针对总量布局、空间结构、联系路径、规划管理的现状和城区特点,制定了不同的城区规划策略。并设定将公共开放空间人均面积由现状 2.44 m²/人,增加到 8.0 m²/人;5 min 可达范围覆盖率增加到80%,5 min 自行车可达范围覆盖率增加到 100%[109]。此外,在杭州市也陆续开展城市开放空间规划实践,但由于缺乏系统的类型、标准、规划程序和内容的研究,使规划类型仅局限在以公园广场、街道、体育设施中。规划标准主要体现在人均占地面积和步行、自行车行两个标准中。对不同密度的城区、居住地人口构成、游憩偏好和游憩设施,暂未进行深入考虑,也暂未将公众参与、现有资源使用状况评价在规划步骤中体现。

2.2　游憩理论研究主体

2.2.1　游憩供需理论

1. 游憩——人的基本需要

Mario Kamenetzy(1992)引用并列举出了基本需要的层级关系。图 2 - 4中,人类需要被分为:身体、精神和社会三个层面,游憩是人类基本精神需要的重要因素①。

在西方休闲和游憩学研究中,特别是在公共政策层面,对游憩"需要"的理解,可以从对英文单词:demand,desire,want,need 的比对中反映出来(表 2 - 5)。虽然三个英文单词均可翻译为中文——"需求",却曾在西方学界开展过一系列的讨论。如今,"need"成为最能代表游憩社会属性的单词,被认为是生活的一种"必需",详见表 2 - 6。

---

①　Mallmann 透过人种、文化、社会和民族性等不同带来的基本"需要"不同的表象,阐述了人类共同需要的定义:"在不考虑文化、种族、语言、信仰、肤色、性别或年龄的状态下,对人类行为的产生进行分析时发现的必要条件。不由特殊的社会结构的价值体系,社区的自然环境变化或者科技、社会发展程度决定。"

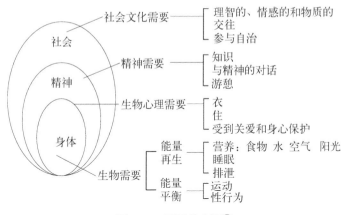

图 2 - 4　需要的来源①

（来源：作者根据原图翻译、绘制）

表 2 - 5　need desire want demand 辨析

need	desire	want	demand
不会受到社会影响，或者显意识的改进。 作为社会层次的一种责任，可以通过法定的或者非法定的资助获取（Martin，1982：197）。如果被挫败，或没有得到满足，将带来不可接受的后果	可以被改进，甚至受到意愿的抑制。（Kamenetzky，1992：182）	如果没有得到满足，将不会带来不可接受的后果	作为一种物品或者服务，已经受到了社会的定义，获取了社会的认可，应该由政府介入得到满足。（Nevitt，1977：115）[110]
用于公共策略中，需要的定义是：以制定和分析休闲政策为目的，应被认为是，对某些事物的渴望和必需，这些事物一旦受到阻挠，将得到不能接受的后果。同时，对需要的评估，一般由个人和非正式的组织团体开展，成为公共策略的基础，应该由选举出的合适的机构进行评测，并得到赞同[111]			

在学术研究中，佩吉（Page，1995）认为，游憩需求并不等于简单的旅游需求，游憩需求最终表现为游憩者的一种空间行为，游憩的时空分布特征和社会心理特征同样很重要[112]。吴承照（1998）认为，游憩需求是游憩行为发生的动力，是游憩行为预测的基础。游憩需求在层次与结构上包括活动需求、环境需求、体验需求、收获需求和满意需求五个方面，满意是终极目标。分为现实需求和潜在需

---

①　在生物层级以上任何需要的满足，都建立在生物级别以下层级被满足的基础上。同时，高层次需求的满足能增强底层级的满足感。卵形的图示表达这些需求的同时性、完整性和相互作用。（Kamenetzky，1992：184）

表 2-6　游憩"需要"(need)的定义及其应用(来源：作者根据原表①翻译自制)

概念来源	概念内容	是否与其他单词有区别	应用领域	与休闲策略制定的关联
U-Plan 定义	对个人、团体或者组织而言，对某种事物的否认，被认为是不可接受的。这种事物就是需要	是	可以应用于闲暇、儿童游乐、健身等领域	个人、团体或者组织有能力使公共机构赞同他们的观点
马斯洛的需要层次理论	人类五种需要按照层次排序，一旦受到否认，将带来精神病理学上的影响	是	闲暇时间是一种可论证的需要。某些休闲活动可以被认为是在某些情况下，满足需要的载体	与宽泛的社会政策相连是困难的；与个人服务/辅导、建议相关
普遍需要	必然的需要是普遍适用的，一旦受到阻挠，会对个人造成"严重的损害"	是	在一些模式，但不是所有的模式中，闲暇被认为是一种需要	在特定模式中涵盖休闲，是一种政治共识问题，与权利有关
适度兴奋和不适宜性	缺乏适度兴奋可破坏个人心理健康	是	运用于大多数休闲理论	将休闲活动视为需要分成几大类
个人认同	需要是使个人能够建立可接受的个人认同的现象	部分	应用于大多数休闲理论，特别是青少年	与服务配送和管理特别相关

求两个层次；从空间范围可分为社区游憩、城区游憩和地区游憩(包括郊区和中程游憩)[113]。游憩地理学对游憩需求研究大多偏重于对旅游需求的研究，而常忽略城市区域。但城市，作为"绝大多数游憩需求的源地"，在游憩学研究中存在很大的价值。米切尔(1969)、斯坦斯菲尔德(1971)认为，旅游地理学家对于城市问题太过

---

　　① A. J. Veal：Leisure and the Concept of Need.，2009，UTS. Leisure and the Concept of Need，U-Plan Project Paper 4：94. School of Leisure，Sport and Tourism Working Paper 14，Lindfield，NSW：University of Technology，Sydney Cavailable at：www. business. uts. edu. au/lst/research/research-papers. html).

于忽略了,应该针对城市游憩理论的建立,展开一系列专门的研究。坎培尔(1966)也注意到了游憩地理学家对城市问题大大忽视的现象,但他提出,对于建立学科理论来说,城市内部、城市之间以及城市与其腹地之间的旅行现象,是最值得研究的[114]。

2. 生活质量(Qol)—游憩(recreation)—开放空间规划(OSP)

(1)游憩需求、开放空间规划和生活品质的关系

游憩需求是人的基本需求,游憩需求得到满足才是健康的人,而健康是人生活品质的决定因素。基于对游憩是生活中的一种"必需"的理解,Godbey(1990)提出"游憩或休闲应理所当然地被认为与生活品质相关[115]",Veal 2009 年论述了休闲、游憩在城市生活质量中的作用,阐述了休闲策略与生活质量总体政策的重要关联。

值得关注的是,由于城市开放空间是城市居民游憩需求的重要载体,满足人游憩需求的开放空间可以提升居民的生活品质,并成为衡量社区生活质量的重要手段和标准。

不论从国际评价机构对城市生活质量的评价,还是学者对城市生活质量的研究角度,都会将游憩、生活质量和与其相关联的开放空间、游憩设施联系起来,将对居民生活品质的提升,通过提供足够的、环境优美的开放空间、好用的设施体现出来,反映在城市空间中,成为城市应具备的功能[116]。Lasley(2002)和 Budruk(2011),均阐述了公园、游憩和生活质量三者密不可分的关系[117-118]。(图 2-5)

在国际不同机构对城市生活质量的评价标准中,游憩、开放空间是评价体系

图 2-5　"生活质量—游憩—开放空间规划"三位一体的理解

中的重要组成部分。美世(MERCER'S)①：对全球城市开展生活质量(Location evaluation and quality of living reports)报告中,调查因子包括以下几类(表 2－7)。其中,游憩和自然环境是评判生活质量中重要的大类,且将体育运动作为重要的一项,与 OSP 规划密切相关。WHO②WHOQOL 衡量生活质量标准中,对于生存环境的评判标准中,环境提供的参与游憩/休闲的机会(Participation in and opportunities for recreation/leisure),是一项评判指标[119]。欧洲机构(Eurofound)③对欧洲 27 个成员国的数据库中,游憩活动频率、类型、活动长度,公园、游憩设施均被纳入生活质量的统计因子中,作为对居民城市生活品质的重要标准(表 2－8)。

表 2－7　MERCER'S 全球城市生活质量评价因子
(来源：作者根据美世数据翻译、自制)

Natural Environment 自然环境	气候
	自然记录
	灾害
Public Services and Transport 公共服务和交通	电
	可用水量
	电话
	邮件
	公共交通
	交通堵塞
	机场
Recreation 游憩	各样的餐厅
	戏剧音乐
	表演
	电影院
	运动和休闲活动

Consumer Goods 生活消费品	鱼和肉
	水果和蔬菜
	日常消费物品
	酒精饮料
	汽车
Housing 住房	住房
	家用电器和家具
	家务维修

表 2 - 8　Eurofound 城市生活质量评价休闲类因子
（来源：作者根据 EurLIFE 数据翻译、自制）

Leisure 休闲	在家庭活动上花的时间
	在体育上花的时间
	在社交活动上花的时间
	在文化活动上花的时间
	在放松上花的时间
	把时间用于志愿工作或政治活动
	看电视
	年轻人参与运动
	年轻人使用多媒体
	年轻人参与户外活动
	年轻人参与艺术活动
	年轻人参与支持和辅助活动
	年轻人的阅读习惯
	满意的闲暇时光
	休闲的重要性
	用于兴趣爱好的时间不足

　　在国际语境下，"生活质量（Quality of Life）""游憩（recreation）"和"开放空间（Open Space Plan）"三个关键词，密不可分。美国诸多城市的开放空间规划，

基本都以"提高本市居民的生活质量"为规划目的之一,将"保障良好的自然生态环境"、"提供好用的游憩设施、便捷易达的开放空间"作为实现其规划目的的基本手段,成为其规划应具备的基本内容(详见美国城市代表性规划内容)。评判一个城市的城市生活质量(Qol)的标准中,游憩设施和公园、开放空间时常占据着重要的地位。例如,马伦斯和莫海(Marans & Mohai,1991)提出了一个描述人的健康状况是如何和一系列的客观环境状况相关联的概念模型。该模型显示这些客观环境状况和许多游憩(原文为休闲娱乐)资源相关,例如资源所处区域的环境质量(表2-10)。该模型同时指出环境设施和都市设施直接与社区质量、人们的活动、满意度和健康状况有关[120]。

<h3 style="text-align:center">表2-9　WHOQOL衡量生活质量标准</h3>
(来源:作者根据原表[119]翻译、删节、自制)

领域	领域内相结合的各方面
1. Physical health 身体健康	精力和疲劳
	疼痛和不适
	睡眠和休息
2. Psychological 心理	身体形象和外观
	消极情绪
	积极情感
	自尊
	思维、学习、记忆和专注
3. Level of Independence 独立水平	流动性
	日常生活活动
	对药物的依赖
	工作能力
4. Social relationships 社会关系	人际关系
	社会支持
	性活动
5. Environment 环境	金融资源
	自由度、人身安全
	卫生及社会关怀:可访问性和质量

续　表

领　　域	领域内相结合的各方面
5. Environment 环境	家庭环境
	获得新信息和技能的机会
	参与游憩的机会
	物理环境(包括污染/噪声/交通/气候)
	运输
6. Spirituality/Religion/Personal beliefs	宗教/精神/个人信仰

表 2‑10　生活质量的相关指标参数(来源:作者根据原表[120]自制)

客观指标参数	主观指标参数	行为指标参数
就业率	住宅和街区满意度	公交系统的使用
入学率	搬迁意愿	体育健身活动参与度
人均收入	对治安犯罪的印象感觉	步行或骑车量
犯罪统计	对学校质量的印象感觉	文化设施的使用
家庭暴力统计	对医疗设施的印象感觉	公园游访
死亡率	对邻居的感觉	就医次数
慢性病发生率	对垃圾收集服务的感觉	邻里活动量
空气质量	对拥挤的感觉	参与志愿组织活动
住宅密度	对政府的感觉	参加地方决策组织
住宅空置率	对健康的满意度	机动性
公园用地总量	对家庭,朋友,工作的满意度	
公交系统的乘用率	对生活的满意度,总体幸福感	
距公交站的路程		
日用品/食品店的方便度		
自用车行驶里程		

在《中国城市生活质量报告》[121]中虽然也涉及了"文化休闲子系统"(表2‑11),但仅突出了对图书馆为代表的文化设施的考量,而对居民的游憩活动设施、空间、使用的便捷程度,及游憩活动开展情况的考察较为忽视,鲜见对城市公园、绿地等开放空间的考量指标。可见,在我国,"游憩"—"开放空间规划"—"生活

品质"三位一体的认识将亟待加强,确立游憩设施、开放空间在健康投资、提高人们生活质量中的作用,通过开放空间规划,在改善和提高城市环境品质的同时,提升增强居民的游憩机会、提高健康水平,将成为提高我国城市生活质量的重要环节。

表 2-11 "中国城市生活质量指数"及其评价指标体系(作者根据原表[121]自制)

综合指数	指标子系统	系 统 诠 释	核 心 指 标
中国城市生活质量指数	居民收入子系统	是衡量城市居民生活质量水平最重要的子系统,也是考量城市家庭购买力的重要方面	城镇居民人均可支配收入
	消费结构子系统	全面衡量居民消费质量和消费结构层次	城镇居民人均消费性支出、恩格尔系数
	居住质量子系统	着重衡量居民家庭住房状况的优劣程度	人均住房使用面积
	交通环境子系统	反映城市交通系统的便利程度	交通便利度
	人口素质子系统	从总体上综合反映一个城市的人口受教育情况和人口素质	适龄人口平均受教育年限
	社会保障子系统	衡量城市社会保障体系的完备程度	社保投入系数
	医疗卫生子系统	测量城市健康标准及医疗设施的水平	每十万人拥有医生数
	生命健康子系统	既反映了社会、经济的进步状况和医疗水平的发展状况,也从一个侧面反映人们的营养状况和生活质量的改善情况	平均预期寿命
	公共安全子系统	反映城市居民安全感及城市公共安全体系的构建情况	非正常死亡率
	人居环境子系统	衡量城市人居环境水平和城市环境管理制度的完善程度	人均绿地面积、生活垃圾无害化处理率
	文化休闲子系统	反映了城市文化设施方面的完备程度	每百万人拥有公共图书馆藏书量
	就业机会子系统	是关系到影响城市就业机会创造的政策目标的关键方面	城镇登记失业率

(2)从游憩需求的角度出发,应通过哪些相关指标来衡量其对居民生活品质的提升

游憩对人的益处分为以下几方面:身心健康;家庭和社区关系;自我概念;自身价值说明;可感知的个人自由;适应能力;对当地社区、民族历史事件和文化

特征的理解；社区和民族自豪感；多类型学习；在学校和工作中的成绩；分享；种族认同；体育和体育组的身份认同；紧密友谊和社会支撑系统的形成；精神定义、恢复、和助长；社区事件的参与；当地社区凝聚力和稳定性；环境理解和管理工作；经济发展、成长和稳固[124]。

　　基于加拿大公园和游憩组织的受益分类研究，可从个人身心受益、社会文化受益、环境受益和经济受益四个方面和分项评测，具体体现通过游憩需求的满足，能在哪些方面提升居民的生活质量（表 2‑12）。

表 2‑12　多科学研究得出的休闲带来的受益总体
分类[122]（来源：作者根据原表翻译）

个人受益：心理		
自我发展和成长	认知效率	个人欣赏/满意
自尊	团队工作/合作	自由感
自信	解决问题的能力	自我实现（actualization）
自力更生	自然学习	流动/全神贯注
自我胜任感	文化/历史意识/学习/鉴别力	激励/鼓舞
自持/自负	环境意识/理解	冒险感
自我肯定	忍耐力	挑战
价值澄清	平衡的竞争力	怀旧之情
学习新技能，发展和应用其他技能	平衡的生活	生活质量/生活满意度感知
学术/认知的表现	敢于冒险的能力	创造性表达
自立/自治	个人责任的接受度	审美
对一个人生活的控制感	学术和其他脑力表现	自然欣赏
谦逊	精神健康和维护	灵性/精神性
领导能力	健康的总体感觉	情绪/情感的正面改变
审美增强/更伟大的审美能力	压力管理（预防、调节和恢复）	环境管理
创造力增强	预防和减少忧愁/焦虑/愤怒	对特殊场地的鉴定/地理所有物或物理基础的感觉
精神上的增长和更好的鉴别力/对不同种族精神的解释	情绪和情感的正面变化	超常的体验
适应性	精神发泄	

续　表

个人受益：心理生理学		
提高认知的生活品质	提高神经心理学功效	减少焦虑和躯体主诉
心血管疾病受益,包括预防中风	提神儿童骨量和强韧度	月经周期管理
减少或者阻止高血压/过度紧张的发生	增强平衡感	关节炎管理
降低血液血清胆固醇和血清三酸甘油酯水平	增加肌肉强度和提高结缔组织功能	增强免疫系统功能(例如,对疾病的抵抗力)
心脏疾病病人康复/复苏	呼吸系统受益(例如,增加肺功能,对哮喘病人受益)	减少沮丧和提升(正面)情绪
控制和阻止糖尿病的发生	提高反应时间	减少对酒精、烟草和其他药物的消费
减少患肺癌和结肠癌的风险	减少疾病发生率	减少对某些药物的需求
提高肌肉强度和关节功能	增强老年人膀胱控制度	
减少脊柱病变	增强生活期望	
减少体内脂肪/肥胖/控制体重		
社会/文化益处		
社区满意度和士气	社会支持	对他人的培育
社区认同感	对自由民主政治的支持	对他人的理解和容忍
社区/民族自豪感(例如,对住处/爱国精神的自豪)	家庭融合/更好的家庭生活	环境意识,敏感性
文化/历史认识和欣赏	使儿童参与到好的活动中,远离不太令人满意的活动	增强视野
减少社会分异	更高层次的参与	培育新社区领导
减少疾病及其造成的社会影响	降低辍学率	社会化/文化互渗
社区/政治参与	增强对其他人的信任	文化认同
增加生产力和提高工作满意度	增强对其他人的同情心	文化连续性
各民族社会整合	减少孤独感	通过对处于危机中的年青人进行干预,避免社会问题产生

续　表

社会/文化益处		
社会融合/凝聚/合作	互惠/分享	儿童发展受益
解决冲突/社会和谐	社会流动性	提高老人自立能力
减少犯罪	改进公共机构形象	老人网络
环境决策中的更多社区参与	社区整合	提高寿命和对生活品质的感知
	社区自愿行为的促进	
环境受益		
物理设施维护	人类对自然世界依赖的理解	对自然风景实验室的维护
管理工作/选择项的保留	环境伦理	对特定的自然场地和地区的保护
通过城市森林提高空气质量	环境主题的公众参与	文化/遗产/历史场地和地区的保护
耕种/增强与自然世界的联系	环境保护	生态旅游的促进
"不留痕迹"使用的增加	生态系统可持续发展	
	物种生物多样性	
经济受益		
减少健康成本/开支	国际付款平衡(从旅游角度)	对国际经济网络发展的贡献
提高生产力	当地和区域经济增长	促进退休地和相关经济增长
减少工作缺勤	当地便利设施/公园等(环境)有助于吸引工业	增加房产价值
减少在职事故	就业机会	
危险地区美化市容用途		
减少员工流动性		

　　来源：首次由 Driver(1990)发表,Driver 和 Bruns(1999)修改,根据本书考虑后再次修改。很多益处比其他因素都有更多的科学研究支撑。这些科学受益的最主要参考文献是：加拿大公园和游憩组织的受益分类(1997)。

　　同时,欧洲生命质量项目研究组(European Quality of Life Project Group) EurQol 以及 Sf-36 表,基于身心健康和生活满意度,建立了衡量居民生活品质的指标体系。综合相关衡量量表,可基于身体健康状态和生活满意度,得出衡量居民生活品质标准的关键分项(表 2-13)。

表 2-13　生活品质评价标准(来源：作者根据 EurQol 以及 Sf 36 量表内容自制)

生活品质(Qol)评价标准		
身体健康状态 (客观)	生活满意度 (主观)	
患病情况/健康感受	精神压力/焦虑情绪	人际交往
设计问题(5 个程度分级测试)		
您的身体健康状况总体状况是	您感觉生存压力、工作竞争激烈程度是	您在本市,除工作以外的人际交往频率是
您在过去的 30 天中的身体状况是	您受到焦虑、烦躁等负面情绪困扰的发生概率是	您对周边事物和社会的了解渠道是
您患疾病的概率是		您对所居住小区环境、发布信息等熟悉程度是
您患的疾病有否好转	一周中,您认为生活愉快、心情舒畅的天数是	您对所居住小区其他居民的熟悉程度是
您对身体健康满意度程度是	您对总体生活满意度程度是	您对所居住的小区满意度程度是

3. 游憩供需关系

Geoffery Wall(1990)认为,游憩者获取的游憩信息、游憩模式、游憩影响在供需关系中起到关键的作用(图 2-6)。具体关系体现为：

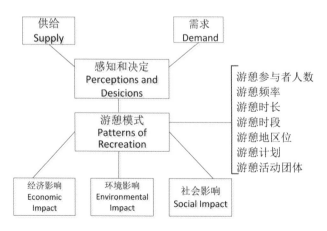

图 2-6　游憩供需关系阐述

(来源：作者根据原表翻译、添加内容、绘制)

　　游憩设施的供给和户外游憩的需求均影响涉及户外游憩的决定。游憩者在他们所能获取的信息基础上作出关于游憩行为的决定,这些信息来自户外游憩活动的相关知识和对游憩设施的供给,在游憩者的决定中起到潜在的作用。个人的信息渠道同时反映了游憩者的教育水平、在一定区域的居住时限、他们对户外游憩的兴趣,也受到广告的影响。游憩设施供给不是独立于游憩需求存在,游憩需求只是游憩供给的一类功能,新设施的创建刺激了游憩需求的增长。设施的供给可将潜在的游憩需求转化为有效的游憩需求,并且在有效的游憩需求模式中产生变化,将游憩需求从一种游憩活动模式转化成另外的类型,或者从一处转向另一处。游憩者对于游憩活动的决定,特别是一类新的决定,将会改变游憩者以前对游憩体验的认知和信息积累,并拓宽其信息面,从而影响其今后的游憩决定。因此,在游憩决定和游憩信息面之间是有反馈关系的。游憩决定也影响着游憩供给,关于参加游憩活动的决定,影响着游憩资源的数量。

　　个人对游憩决定的集合产生了游憩模式,可定义为关于时间和空间对户外游憩现象发生的影响。游憩模式(Patterns of Recreation)可被认为包括以下几类要素:游憩参与者人数和游憩频率,针对单次游憩活动和短期活动时间研究,需要着重研究游憩参与者人数;针对长时间的研究和调查,游憩频率的研究更为重要。区位是游憩者从居住地到游憩地的距离的表达,通常包括不同游憩地属性,可以是沿海或者内陆,或者位于城市和乡村区域。游憩时长是花在游憩活动中的时长,在某些活动中,可能包括来往游憩地的时间。时间包括参与游憩的暂时时间,包括每日、每周,或者季节性地参与。可考虑暂时性的住宿以及住宿类型。参加游憩活动的团体大小和组成,以及参与活动者是否第一次与活动是被赞助的或者有特定的计划和安排。

　　游憩设施在空间和用地上的分布会造成不同影响,大体包括:经济的(Economic)、环境的(Environmental)和社会文化的(Social-cultural)三方面(Mathieson and Wall,1982)。环境影响包括空气、水、用地类型、土壤和生物区(Wall and Wright,1977)。经济影响包括花费资金,由建设、维护、游憩设施使用赚取的利益。社会文化影响包括旅游和游憩活动对"主体和客体"生活方式的改变(Smith,1977)。三类影响的界限不是绝对明确的,例如,环境影响可以通过场地管理得到缓解,但是需要花费资金。同样,增加的游憩行为可以产生就业机会,并带来更多的收入,但是额外的工作时间将改变家庭生活。自然的影响将涉及未来游憩供给、需求和户外游憩模式[123]。

　　游憩供需关系牵涉面广,鉴于本书主要围绕游憩需求和空间的关系开展研究，将研究重点体现在游憩需求和供给在空间上的表达中，这类供需关系主要通过游憩模式中的游憩活动与游憩目的地中的空间规划、管理相联系(图2-7)。此外，在涉及旅游与游憩规划相关书籍和文献中均体现了图2-7中展现的游憩活动与设施、空间、管理和服务具备一系列的关系，例如，《旅游与游憩规划设计手册》《户外游憩：自然资源游憩机会的供给与管理》(*Introduction to Outdoor Recreation: Providing and Managing Natural Resource Based Opportunities*)等。因此，本书将游憩活动和空间供给的关系作为可用于指导空间规划的理论研究基础。

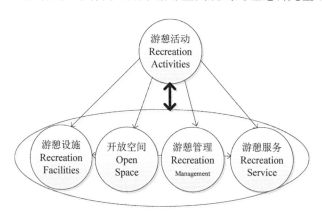

图2-7 游憩活动和空间设施供需关系

2.2.2 游憩行为理论

与游憩活动有关的基本概念有：游憩体验、游憩满意度、依赖性满意、游憩替代性、游憩外在性、游憩机会序列、游憩承载量(Recreation Carrying Capacity)与可接受改变的限度(Limits of Acceptable Change)(吴承照，1999)。史密斯(Smith)和皮尔斯(Pearce)的研究关注从设施所在地和游憩者流动两个角度来研究游憩行为，用游憩者活动空间来刻画游憩者的意境地图，并使用曲线来表示客源地与目的地之间的距离衰减[124]。国内学者中，吴必虎运用游憩活动空间和使用曲线分析方法研究了上海市城市游憩者的流动规律(1994)[125]；吴承照(1999)探讨了影响城市居民户外游憩行为分布的主要因素，提出了游憩行为分布的门槛距离与等级规模扩散规律[126]。

时间地理学①是指导游憩行为理论的基础学科，对游憩行为理论中研究人

---

① 时间地理学是20世纪60年代后期由瑞典的著名地理学家Herstrand倡导，并由以他为核心的隆德学派(Lund school)发展而成的，是研究在各种制约条件下人的行为时空特征的地理学(柴彦威等，1997)。

行为的时空特征。该学科从时间序列的角度研究人口迁移、空间扩散问题;在应用研究方面还涉及城市设施规划、个人生活与社会结构关系、福利地理学和城市结构研究,到后来利用计算机模拟城市交通规划,对现代城市游憩空间的布局及规划具有重要意义。在居民游憩行为和空间关系方面,柴彦威(1999)从时间地理学的角度出发,通过对城市居民活动时间结构的分析来探讨城市内部空间结构,研究了城市居民游憩活动在时空方面的特征[127]。

2.2.3 游憩地理想结构和模式理论

国内外学者依据经济规律、城市功能、资源特征等将城市游憩空间、开放空间结构进行了布局模式(多为理想模式)的探讨,主要包括针对区域、市域范围内的8类模式和集中于探讨中心区商业游憩空间分布的3类模式中(表2-14)。

表2-14 城市开放空间理想布局理论模式汇总
(来源: 作者根据相关文献自制)

模式名称	设立依据	模式内容和特征
Б. Б. 罗多曼模式[128](1969)	郊区游憩地配置的理想模式	平原区自然公园和康乐公园配置为典型; 以平原区城市均衡发展为假定; 市之间的联系以同样的交通方式和通量; 两个城市之间有一条可以影响景观配置的交通线; 市之间都存在广阔的粗放农业生产地域; 将景观划分为城市历史与建筑保护区、社会服务与交通道路、永久性住宅和工业、高度和中度集约的农业、天然牧场、森林工业和康乐公园、自然保护区和旅游基地与旅游道路,在城市之间汇合为一个连续的网络
Clawson & J. knetch 模式[129](1966)	分空间利用者指向地域、中间地域、资源指向地域三种利用类型,形成大都市郊区游憩地配置的三个圈层模式	空间利用者指向地域:在都市区修建都市公园和运动场; 中间地域:康乐公园、田园公园、农村博物馆和主题公园; 资源指向地域:国家森林公园、国家公园、城市野营公园、狩猎场、野生地域和特殊保护地
游憩时空体系——生活圈[130](吴承照,1998)	时间空间与活动构成了游憩时空体系;以居住地为中心的市民游憩空间体系	居住区游憩地:邻里户外交往空间; 市区游憩地:公园、广场、文体娱乐设施、购物中心、学校、科技工业园区; 观光度假地:度假区、主题园、高尔夫球场、森林公园; 郊区游憩地:风景名胜区、自然保护区

续　表

模式名称	设立依据	模式内容和特征
环城游憩带(ReBAM)(吴必虎,2001)[131]	发生于大城市郊区,主要为城市居民光顾的游憩设施、场所和公共空间,特定情况下还包括位于城郊的外来旅游者经常光顾的各级旅游目的地,一起形成的环大都市游憩活动频发地带	在土地租金和旅行成本的双向力量作用下,投资者和旅游者达成的一种妥协:离开城市距离越远,级差地租越低,投资商的资金压力越小;离开城市越远,旅游者的旅行成本越大,其出行意愿和实际出游率越低,最终在某个适当的位置形成游憩区域
星系模式[132](俞晟,2003)	将城市游憩系统围绕着核心城区划分了近程游憩带、中程游憩带、远程游憩带等三条游憩带。游憩带之间分布着若干大小不一的游憩功能区	以核心区——城市的主要建成区为中心,核心区内的游憩设施以与市民日常需求量较大而规模较小的游憩内容为主。近程游憩带:0.5小时的游程,以生态、绿色的游憩活动为主;中程游憩带:约1小时的游程,以城市郊区的小城镇、依托特定自然环境的大型游憩区、主题公园为主;远程游憩带:约2小时的游程,主要以中小城市和特色旅游地为主
"面—点—带"[133](黄家美,2005)	用地呈三个带状分布:中心为商业用地、向外为居住用地、最外圈为工业用地和郊区空地	中间为围绕居住区的点状的日常游憩空间,多以公益型为主;中间地带向外由于土地开阔,可以形成大面积块状游憩空间;受制于距离衰减原则,游憩空间往往围绕城市呈环带状分布
"极核—散点—带"模式[134](宋文丽,2006)	中心为商业用地、向外为居住用地、最外围为工业用地和郊区空地	城市中心:商业游憩场所的极核结构围绕居住区的散点状的日常游憩空间,多以公益型为主,辅以公共性质的市政公园、广场等;中心城区:分布市级公园、市级文化场所、旅游景区等大块游憩空间;外围为以郊区游憩为主的环城游憩带

续　表

模式名称	设立依据	模式内容和特征
"极核—组团—扇形—环状"复合蛛网模式[135]（冯维波，2007）	重视"放射状游憩空间"的存在	极核：城市的 RBD，位于蛛网的中心； 组团：在环状和放射状游憩带的交汇点所形成的游憩中心地（节点），综合集成了分散的观光游憩点，在各居住区之间设置一些购物中心、公园、广场等，形成组团状的游憩空间； 扇形：从蛛网中心向四周放射的扇形游憩空间（线型游憩廊道）； 环状：从蛛网中心向外所形成的多层环城游憩带（环型游憩廊道）； 在节点组团上形成次一级的蛛网结构的游憩空间系统；形成的层数由游憩系统的等级数决定
RBD 及中心城区商业空间形态		
"极带式结构"[136]（俞晟，2003）	"极"是指不同等级、不同规模的 RBD 以及游憩性城镇； "带"一般指的是城郊的环城游憩带	
"游憩商业区系统"[137]（陶伟，2003）	RBD 往往会突破单核的固定结构而表现为多核结构，整体上呈现为链状、环状或网状形态等，从而形成一个游憩商业区系统	
"线—场—区—街模式"[138]（吴承照，2005）	线性模式，以某条街为主； 街—场模式，在线性商业空间中分布一至几个广场； 区—场模式，游憩商业区中布置一至几个广场； 街—区模式，商业街与游憩区的组合；园—场—街模式，公园、广场与商业街的组合	

2.3　基于游憩理论的城市开放空间规划理论主体

在城市开放空间规划理论相关的游憩理论研究主体上，可精炼出本书的理论研究构架，并在各研究方向中已奠定的基础上，深入探索研究切入点。

2.3.1 基于游憩供需关系的量化标准

(1) LOS,GRASP 和 PPGIS[①]

本书对游憩活动与游憩设施、空间数量的关系研究主要集中在对服务水平法(LOS)、复合价值法(GRASP)和公众参与规划地理信息系统(PPGIS)的内核发掘、拓展和实验性探索中。

服务水平法[139](Level Of Service,LOS),通过对城市居民游憩活动频率的调查,通过公式和数学模型,将游憩需求"转译"为开放空间设施、空间数量。LOS 以需求为基础,以设施为驱动,以土地为衡量手段,描述了为满足当前每千人的游憩和公园需求的最少公园和游憩用地,是一种设计容量,用于有针对性地调整公园场地内设施和公园空间的使用。从狭义角度上来看,LOS 是一个对现有公园和游憩机会所需的真正功能需求的体现;从广义上看,LOS 是对设施和公园使用的混合。

由于 LOS 以比率形式表现为每千人需要的土地数量(英亩),直观、量化、易于计算和推广,并能与分区规划(zoning)结合,得到了最为广泛的应用,也成了规划标准中的重点。LOS 导则制定应本着"实用"、"公平"和"实时"的原则——"实用"是指能契合实际地实施并可完成,目标常和一些现实情况结合,适当调整;"公平"是指在整个社区中提供均衡分布和公平分配的公园和游憩资源,为所有公民提供公平进入的机会;"实时"是指反映居民当下对公园和游憩的需求。计算 LOS 标准分八个步骤:明确公园系统中 LOS 将会运用的公园类型;确定典型的将会运用的每个公园类型游憩活动清单;确定每个 LOS 标准将会使用的开放空间尺寸标准(尺寸标准是为支持每个公园类型活动类型设施的最小需求)。在前三项因素的基础上,通过五个步骤计算 LOS:当前这些游憩活动的供给—这些游憩活动选择的需求—这些所选游憩活动的最小服务人口需要—计算每个公园种类的单独 LOS—计算整个公园和游憩系统的总 LOS。

Composite-Values Based Level of Service (LOS) Analysis 复合价值基础上的 LOS 分析——GRASP 方法(Geo-Referenced Amenities Standards Program)基于现有设施、空间的服务质量、居民的使用感受和满意度,进行设施空间使用评分,并在考察设施使用现状基础上进行规划,以保障游憩体验质量。GRASP 方法,通

---

① 详见方家,吴承照. 美国城市开放空间规划方法的研究进展探析[J]. 中国园林,2012(11):62-67.

过对开放空间现有游憩设施的调查和使用情况评价,转化为现有设施供给情况分析图,标明现有游憩设施服务覆盖面;与所需游憩设施需求进行比较,为新的空间建设和管理提供依据[140]。

在 20 世纪 90 年代由 GIS 和社会科学结合而产生了公众参与规划地理信息系统(public participatory geographic information system,PPGIS),可以将地理信息翻译成用地图来表示模式和关系等特征,让公众能够浏览规划方案以及相关地图资料,并发表自己的意见。与规划者进行沟通和交流,成为制定有效城市开放空间系统规划的信息平台技术基础,为规划者提供了基于使用者需求的较为客观的依据[141]。

(2) 游憩活动与空间资源的相应关系

此外,游憩活动与空间、设施的关系主要体现在——对应关系,一对多关系等。山岳风景景观与登山、攀岩、探险和野营等活动的关系,高尔夫球场专供打高尔夫球之用,后者如广阔的水域,可以开展游泳、钓鱼、泛舟、帆船等各项活动。游憩活动之间相互关系,包括连锁关系、冲突关系、观赏关系、相互无关等[142]。Manuel(2004)列出了不同游憩活动每天每公顷面积的典型游客人数,不同游憩设施平均密度不同,从 1 至 5 000 人/公顷/天,以自然为基础的游憩活动可被认为接近自然、较大空间、不拥挤到拥挤、非常拥挤四类不同的空间感受[143]。使用者在游憩活动中的空间感受和对资源的利用情况,可作为制定相应的量化标准的前提。

在基于游憩供需关系的量化标准研究中,可尝试从以下几个切入点展开:中国城市居民的游憩需求和空间设施之间是否存在一对一,或一对多的供需关系;应用此类方法进行比对,是否可有预见性地"查阅"出中国城市中缺失的游憩设施和开放空间类型;基于居民游憩需求,将游憩频率转化为空间设施数量的LOS 方法若应用于中国城市将会产生什么样的开放空间需求结果;是否与我国城市土地资源稀缺的现状相矛盾。

2.3.2　基于游憩行为偏好的城市开放空间规划特性

1. 城市居民在开放空间使用中的游憩行为特征

Hutchison(1987),Gobster 和 Delgado(1993)认识到不同种族和民族在使用开放空间与追求何种活动方面的差异性,于是将人群行为规律模式的研究基于特定地区和特定人群展开。Washburn(1978)和其他学者(如 Washburne 和 Wall,1980;O'Leary 和 Benjamin,1982;Hutchison,1987;West,1989;Dwyer 和

Hutchison,1990)在关于游憩活动参与的比较研究中提供了产生差异性的两个理由——"边缘特性"(marginality)理论和"民族特性"(ethnicity)理论。Paul Gobster H. 和张庭伟 1998 年根据活动的种类、频率和位置,提取了芝加哥唐人街华人社区的游憩模式特征。确定了游憩活动和开放空间喜好与年龄、性别、居住年代及其他因素的联系。研究发现,"放松"是一项美国华裔居民每天都会从事的活动,被访者很难对单独的游憩活动做出定义,或将日常生活中的游憩活动和非游憩活动剥离开来。这个发现与 Hall 和 Hal(1990)"多时间取向"的想法相似,并在 Allison,Geige(1993)和 Hutchison(1993)有关游憩的研究中进一步得到确认,即一些游憩活动具有多重含义,在他们所研究的亚裔群体中游憩和非游憩活动没有什么区别[144]。

此外,一些学者对不同社会、经济背景下的居民对开放空间的使用期待和方式进行了研究(Sugiyama,2008;Roose,2007;M. Joseph and Sirgy,2000)[145-147]。Takemi Sugiyamaa(2008)研究了老年人用于游憩和交通的开放空间要素,发现开放空间的宜人性和干扰因素的缺少,是以游憩为目的密切相关的要素。到达开放空间的便捷道路和空间中的好的设施会引发更多的行走活动,并建议在邻里开放空间中增加这些要素,能为老人积极的生活方式作贡献[148]。

也有学者通过对一定数量的城市居民活动进行调查,得出普遍性结论。例如,Billie Giles-Corti(2005)通过三个要素研究了开放空间的使用和物理活动的关系——开放空间离家距离、吸引力和大小。得出的结论为,通过对这三个要素的改善,开展行走活动的人增加了 50%。行走、体育活动、野餐等不同使用者需要设施齐全的大型、有吸引力的开放空间。对城市开放空间使用的调查显示,大多数使用者希望使用离居住地或者工作地 500 m 步行可达的地点。最需要使用开放空间的人群大多是最不常使用机动车的人群——儿童、老人、残疾人和失业者,并且他们需要开放空间有很好的可进入性[149]。Corraliza(2000)对人们对"道路"(pathways)或者"落脚地"(stay places),如公园、广场等的偏好进行了研究,发现这些地区的非空间景观要素(情绪上的和个人特性,例如动机、年龄等)和任何空间质量一样重要。人们(至少是西班牙人)更喜欢"道路"。他建议应该在街道上创造更多的人们参与性的环境设施,如商店、咖啡厅、林荫道等,而不是一味修建公园或者广场。街道也是人们感觉最为放松和舒适的使用地点[150]。Paul H. Gobster(2004)从不同利益群体的角度和方法论角度对城市绿道进行了研究,明确了 6 个独立的绿道的"人类维度":干净程度、自然性、审美、安全、可达性和发展适宜性。6 要素共同形成了居民从游憩和相关经验角度出发,如何感知和使用绿道的核心观念[151]。Myron F. Floyd 等(2008)通过观察公园里的活动进行评价,用 SOPLAY(System for Observing Play and Leisure Activity in Youth)衡量不同收入群体的活动,并转化为每人能量消耗水平(kcal/kg/min)。发现超过半数的公园使用者在公园里进行久坐活动,并发现公园环境的构成对增强物理活动可以起到促进作用[152]。

在此方向中,可尝试从中国居民特有的种族特点出发,研究其空间使用特性和偏好,提取居民对空间和时间使用的内在规律。研究结果将对提升空间的人文价值,和使用效率起到提升作用。

2. 城市开放空间如何增进居民游憩行为

Rogers 报告①[153]指出:"完成城市的有机集合意味着不将开放空间作为个体——街道、公园或者广场进行考虑,而是应该使其具备自身功能体系,并作为城市景观中的最重要的部分。公共开放空间应该被构想为邻里空间中的户外空间,成为使人们放松、体验自然、产生一系列活动的地方——从在户外进餐到街道上的游憩活动,从体育活动到政治或民主活动的集合地;最重要的是一个用于散步或在户外纳凉休息的地方。当在空间和周边生活、工作的人建立了直接关系的时候,公共空间才能发挥最好的作用。"应该"通过增加新住房发展密度和使用棕地,而不是使用绿地,来增加城市的肌理。发展更多的多功能、多样化和紧凑的城市中心;减少上班途中的距离和次数。确保合适的城市密度和分布,可以支持合适的公共交通设施。支持人行、自行车和公共交通使用,引入机动车禁入区域或控制车辆进入的核心区"。英国政府政策和规划中,有关增进人们对居住和工作空间周围的开放空间使用的研究主题正在逐步受到重视。主要包括社会包容性、环境公平性、可进入性和健康生活方式等(Land Use Consultants,2004;CABE Space,2004)。这些主题通过一些策略得以显现,例如,社区和当地政府部门的"更清洁、更安全、更绿色"运动,以及可持续社区规划等(Sustainable Communities Plan DCLG,2003)。

克莱尔·库珀·马库斯(2001)注重对已存空间的使用评价和分析,从已有空间的使用情况和评价的角度,以观察为主,寻求在既有空间中的使用规律,并提出提高空间使用效度的建议。他分析了城市广场、邻里公园、小型公园和袖珍公园等七类开放空间,从开放空间形式和人们的使用需求入手,重点

---

① 笔者根据报告英文原文翻译。Ebenezer Howard 花园城市模式(Howard,1898;Hall,1998),Patrick Geddes 的(Leonard,1992)以及 Christaller 的中心地理论(Christaller,1933;Bird,1977)对报告均产生了很密切的影响。

对现有开放空间的设计案例进行分析：它们如何被利用，哪些地方成功了，哪些要素常常得到重视。通过精炼的案例分析和附带的场地规划图、场地用途简要陈述，提出人性场所应该具备的设计准则。通过建成方案的调研和使用状况评价(Post Occupancy Evaluation，POE)，对使用者的回馈和已有空间使用作了翔实的调查和记录，对在特定空间中的行为规律进行了总结，例如在广场上的行为、偏好、建议和使用前提等，并对行为经常产生的入口、游戏区、种植材料和场地家具使用情况进行了评价，提出了如何提高设计效度的建议[154]。

在此方向中，可从使用者评价，提升此空间对其行为、使用质量的改善角度出发，研究居民受欢迎的开放空间和设施特性。深入发掘激发使用者使用需求的空间特质；为如何增加空间吸引力，促进使用者的积极游憩行为寻找人性化依据。

2.3.3　基于居民生活方式的城市开放空间规划模式

1. 城市人生活路径和开放空间形态结构的关系

西方学者认为，人与城市互相作用的过程即是人群与城市空间的序列关联活动(D. Ley，1983)，能全面反映人在城市空间活动的关联过程，是城市各类日常生活行为在空间的作用经历。针对游憩行为、游憩需求的研究，从时间地理学对城市日常活动的空间研究出发，是一个新的视角。瑞典社会地理学家托斯坦·哈格斯坦德(Hägerstrand，1974)创立的时间地理学，强调研究城市生活的空间模式与时间模式中揭示的城市各类型日常生活活动。在这些规律指导下产生的城市开放空间与配套设施，是探索游憩活动和空间关系的重要研究方法。这些模式揭示了城市各类型日常生活活动，在时间上具有周期性与空间上具有重叠性。在这些规律指导下布局的生活设施，在空间上便于居民接近与利用，在时间上又约束较小。

对于城市日常活动的时-空特征与重要性，有的学者认为，居民生活行为的"时间形式"与"空间形式"之间的关系是"城市形态动力学的必然性"规律(奥古斯塔·白尔格，1995)。有的学者创立了"空间人类学"，将城市"生活空间"与"认知社会"列为其主要研究内容(让-夏尔·德布尔，1995)[155]。

在人本主义、后现代主义思潮的影响下，人文地理学者越来越关注对于微观个体行为的研究，发掘居民日常游憩行为的时空特征。Farrell 和 Lundegren (1983)提出侧重于游憩者生活方式的游憩活动与事件时间安排模式：每天的

"时间—使用"模式分为 5 个时间段:上午时段,下午早段,下午晚段,晚上早段,晚上晚段[156]。最终发现并思考居民的户外游憩行为和城市开放空间之间的关系,应从观察、记录居民的日常生活内容,即"一日生活事件"开始,总结各年龄群体的游憩行为发生动态规律,对居民游憩行为的时间节奏和空间分异进行研究,分析游憩行为节奏与城市开放空间的关联,建立城市开放空间规划的依据。

此外,城市社会地理学中揭示的城市日常生活与城市空间结构的关系规律,体现出的日常生活行为的时-空规律,日常生活与城市空间作用的关系规律;实证和量化的方式,对日常生活活动与行为特征、日常活动类型及范围、时-空节奏性、日常活动周日循环的区位结构等进行阐述[157],对游憩时空体系——生活圈[158]展开研究的方法值得借鉴。综合运用以人文主义、结构主义和实证主义等方法,对城市社会空间结构、城市形态空间与社会空间相互作用关系及其动态趋势进行了详细的研究,为城市开放空间规划提供科学依据和坚实的研究基础。

从研究中国城市居民的生活路径出发,总结其对不同空间使用的时段和空间结构特征,寻找工作/学习、家庭生活、购物和游憩等生活内容与相应空间序列的关联,对"量身定制""以民为本"的开放空间分布格局、形态均能起到决定性作用。以生活系统为出发点的开放空间规划模式研究,可从根本上起到改善和提升居民生活质量的目的,还可从可持续的生活方式出发,提出更加合理的空间构想。

2. 城市人口构成、特点、分布和开放空间偏好的关系

C. Y. Jim and Wendy Y. Chen(2006)对广州城市绿色空间中居民的行为模式进行了研究,发现广州居民常和家人一起使用城市绿色空间,公园是最经常的活动地点,绿地作为公园的替代空间使用[159]。C. Y. Jim and Wendy Y. Chen 2009 年通过珠海 598 份有效问卷,进行了 25 种休闲活动的调查研究,发现:户内游憩活动相对户外游憩活动具有较高的参与率,被动游憩活动明显高于主动游憩活动,平日游憩模式与假期游憩模式相似。休闲散步和购物是主要的户外活动,年轻居民更喜欢使用城市公园,中年和老年居民更喜欢本地公园[160](原文中将"游憩"活动翻译为"休闲"活动)。Alex Y. Lo,C. Y. Jim 2010年总结了香港居民对城市绿色空间的游憩使用规律,并评价了这些地区的货币价值。通过对 495 名来自不同社区和社会、经济群体的访谈,发现大约 70% 的居民至少每周去城市绿地活动,大多数与家庭成员一同出行。居民狭小的居住空间模式促使人们到户外进行活动,开放空间成了居住空间的延伸[161]。人口年

龄阶段、职业、教育背景等构成的人口特性,会带来的游憩偏好、闲暇时间、开放空间使用类型和时段不同,对开放空间使用会产生的影响。例如,幼儿和老年人偏向使用离家近的活动场所,低收入家庭的幼儿偏向于在街道上活动,上班族倾向于在工作日夜间、周末进行游憩活动等。大多围绕城市居民生活结构展开。

人口构成、分布是城市开放空间规划模式和结构产生的基础,年龄是产生游憩行为差异的主要因素。在此方向中,可探索不同年龄段中国城市居民代表性游憩行为特征,寻找该特征与开放空间分布格局的关系,更大程度地满足不同游憩行为者的诉求。

本 章 小 结

以城市开放空间规划理论和游憩理论研究,及其交叉理论研究为基础,梳理出本书研究理论框架的三部分:一、基于游憩供需关系的量化标准研究,二、基于游憩行为偏好的开放空间特性研究,三、基于居民生活方式的城市开放空间规划模式拟定。

第一部分将围绕三个主要研究问题展开:游憩需求与空间设施之间的关系如何表达?分别体现在哪些要素中?LOS 计算方法若应用于中国城市将会产生什么样的结果?第二部分下分中国居民空间使用偏好研究和受使用者欢迎的开放空间特性研究两方面。第三部分重点探索城市人口特性与开放空间模式的关系,以及城市居民生活路径和开放空间形态结构的关系。

第3章

基于居民游憩需求、空间使用偏好的
城市开放空间规划方法与模式研究

3.1 基于游憩供需关系的城市
开放空间规划方法研究

规划方法主要分为类型与数量两个方面,均在上海市居民游憩需求和开放空间使用问卷调查①结果基础上开展分析与研究。

3.1.1 游憩活动类型至开放空间类型的"转译"法

1. 上海居民游憩活动类型调查

以我国体育总局发布的《我国正式开展的体育运动项目》[162]为基础,对上海市民日常游憩行为的观察、筛选,总结出 33 种供选活动类型。据问卷统计得出的当前全市居民主要活动类型,按发生频率由多至少排序依次为:散步、聊天、欣赏景色、静坐、看报、跑步、羽毛球、跳舞、划船、骑车、乒乓球、放风筝、野餐、篮球、唱歌、钓鱼、大型活动、遛狗、太极拳等、攀岩、滑板、滑冰、足球、飞盘、排球、网球、野营、室外书法、桌球、跳绳等传统活动、骑马和高尔夫。其中,散步、聊天、欣赏景色、静坐、看报、跑步、羽毛球和跳舞为最主要的活动类型,所选择人数分别超过总人数的 10%,散步活动的选择人数接近半数,体现了散步在游憩行为中的主导地位。

---

① 以上海市居民为研究对象,正式问卷调查进程开展时间为 2010. 11 - 12,共有 44 名调查成员,分为 22 个调查小组开展调查。以街道办街区发放、公园发放为主要方式,加入极少部分电子问卷调查。全市共发放问卷 1 000 份,回收 981 份,回收率为 98.1%;性别、年龄与上海总人口比率,与上海实际比率分布相近。

依照游憩活动轨迹的平面形态,将其分为点状、线状、面状和块状四类;块状活动,如跳舞、唱歌、野餐等娱乐类活动,以及篮球、足球、乒乓球等有场地要求的体育竞技类活动等,所占比例最大,为43.8%,显示出该类型活动的丰富度高。但前10位经常发生的活动中,仅占2项,分列7、8位,说明其日常发生概率不高。由于以静坐、聊天、看报为代表的点状活动和以散步、跑步、骑车为代表的线状活动自由度高,对设施、自然资源依赖程度低,选择排名前10位的活动中,就有4项点状活动,3项线状活动,显示出点、线状活动发生概率大,是日常高频率发生的游憩活动的主体。

依据游憩活动对自然资源的依赖级别,可将其分为低、中、高三个级别:羽毛球、乒乓球、台球等体育竞技类活动,仅对体育设施有要求,活动开展不以自然资源条件,如植被茂盛、风景美观等为前提,可视为对自然资源的依赖级别低;如欣赏景色、野餐、钓鱼和骑马等活动,以自然资源基础良好为前提,脱离自然资源无法开展,则视为对自然资源的依赖级别高;散步、聊天等活动的开展对自然资源有一定要求,则视为对自然资源的依赖级别为中度。对自然资源依赖级别为高度的占25%,低度的为28%,在经常发生的前10位活动中,对自然资源依赖级别为中度的有7类,低度的有1类,说明上海市民当前活动类型对自然资源依赖程度普遍不高。

2. 上海居民游憩活动至空间设施类型的"转译"

由于游憩活动与开放空间之间存在一对多;多对一;多对多;一对一的关系(表3-3),依据调查中显示的游憩活动,可以逐步推演出适合该活动发生的相应的设施和开放空间类型,以及需配备设施的级别。以上海市问卷调查中得出的前33类开展的游憩活动为基础,可通过不同活动类型推出设施、空间类型;也可按设施形态推导空间类型;或由活动类型直接推导出使用空间类型。以最经常发生的活动散步为例,典型开放空间类型载体为步行道、公园。此外,商业街、人行道、硬质广场、球场和草地可作为散步发生的空间。由于散步所需的设施较为简单,通常只需要一定的通路即可发生,因此,供选择的设施品质等级较为宽泛,从低到高等级的设施均可满足散步的要求。

与调查所得33类游憩活动相应的开放空间和设施主要类型有:公园、广场、健身道、自然游径、绿道、滨水区、商业步行街、林荫道、巷弄、自然地、滨水区、游憩绿地、公共庭院(商业空间,园林)、运动场、专业羽毛球场、乒乓球场馆、自然资源地、自然水域、篮球场馆、狗公园、滑板公园和滑冰场。与上海现有类型(表3-1)进行比对,相对缺少的类型主要有:自然游径、绿道、自然资源地、自然水域和狗公园。根据五年后游憩活动类型的变化，开放空间和设施亟待增加的类型有：自然资源地、自然水域、攀岩地及羽毛球场馆。

表 3 - 1　上海市居民主要使用的现有城市开放空间类型（来源：作者依据
上海市体育局、上海绿化地图、iecity 数据库统计整理、绘制）

市　　级		区　　级		社　区　级			
				居住区级	小区级		
公园	大型综合公园	公园	中型综合公园	公园	小型综合公园	公园	微型游园
	历史名园		体育公园		配套花园		
	郊野公园		雕塑园				
	湿地公园		盆景园				
	森林公园		纪念性公园				
	野生动植物园		儿童公园				
	动物园		游乐园				
	植物园						
	露营地						
	采摘园						
	垂钓园						
广场	市政	广场	文化	广场	休闲		
	纪念		商业				
	商业		休闲				
	文化						
	交通						
	休闲						
体育设施	溜冰场	体育设施	网球场	体育设施	公共运动场	体育设施	健身苑
	网球场		羽毛球场				
	羽毛球场		足球场				
	足球场		篮球场馆				
	篮球场馆						
	高尔夫球场和练习场						

续　表

市　　级		区　　级		社　区　级		
				居住区级	小区级	
道路	商业街	道路	绿道	道路	健身步道	
	绿道					
滨水区	滨海	滨水区	滨江	滨水区	滨河	
	滨江		滨河			
	滨河					
	城市沙滩					

在确定增加的开放空间、设类型时,需把握的原则是:在集约用地的前提下,尽量选择能在此空间中开展多种活动的类型。但为了确保某种活动的游憩体验质量,选择一对一关系的场地,如高尔夫球场、滑冰场等,需要付出较高昂的建设成本,占用大量社会资源。

表 3－2　游憩活动与开放空间类型推演

活　　动	设施名称	游憩设施等级	典型开放空间类型	不合理的发生地点
散步	步道	低 中 高	步行道、公园、广场 健身道 自然游径、绿道、滨水区	
聊天	步道 园椅、凳 亭、廊	低 中 高	步行道 公园、商业步行街、林荫道、广场、巷弄、庭院、自然地和滨水区	自行车道、汽车道
欣赏景色	步道 园椅、凳 亭或廊	低 中 高	步行道 公园、游憩绿地、商业步行街、林荫道、广场、巷弄、公共庭院(商业空间,园林)、自然地和滨水区	
静坐	园椅、凳 亭、廊	中	公园、游憩绿地、商业步行街和公共庭院(商业空间,园林) 自然地、滨水区	路沿(消防栓、路障、隔离栏)

续　表

活　动	设施名称	游憩设施等级	典型开放空间类型	不合理的发生地点
看报	园椅、凳亭或廊 茶座、餐厅	中 高	公园、游憩绿地、商业步行街和公共庭院（商业空间，园林） 自然地、滨水区	路沿，建筑周边界面
跑步	跑步道	低 中 高	步行道、运动场 健身道 自然游径、绿道、滨水区	
羽毛球	羽毛球场	中 高	广场 专业羽毛球场、运动场	道路
跳舞	平整场地	低 中	广场、公园、游憩绿地 滨水区	
划船	船坞、码头、湖、河	高	公园、自然资源地、自然水域	
骑车	骑车道	低	骑车道、公园、自然游径、绿道和滨水区	人行道、草地
乒乓球	乒乓球场地	高	运动场、乒乓球场馆	
放风筝	平整场地	低	公园、广场、自然资源地	
野餐	草地、野餐桌椅	中	公园、自然资源地	
篮球	篮球场	中 高	运动场 篮球场馆	
唱歌	平整场地、亭或廊 带座椅、舞台的表演场地	中 高	广场 公园	
钓鱼	钓鱼台、架	高	公园、自然水域、资源地	
其他				

续　表

活　动	设施名称	游憩设施等级	典型开放空间类型	不合理的发生地点
大型活动	平整场地带座椅、舞台的表演场地	中高	广场公园	
遛狗	步道、草地	低中高	步行道、游憩绿地自然游径、绿道、滨水区狗公园	防护绿化带、机动车道
太极拳	平整场地	中高	广场、公园自然资源地	
攀岩	人造攀岩场地、山地等	高	公园、自然资源地	
滑板	平整场地极限运动场地设施	中高	广场、运动场、公园滑板公园	步行道
滑冰	平整场地及配套设施	中高	广场、公园滑冰场	
足球	足球场	中高	运动场专业类足球场	步行道
飞盘	草地、平整场地	低中高	广场、公园运动场Disc Golf 专用场地	
排球	排球场	中高	运动场排球场	
网球	网球场	中高	运动场网球场	
野营	露营地	中高	公园自然资源地	
室外书法	平整场地	中	广场、公园	

续　表

活　动	设施名称	游憩设施等级	典型开放空间类型	不合理的发生地点
台球	台球桌	中 高	运动场、广场 桌球场馆	
跳绳等传统项目	平整场地	中 高	广场、公园 传统项目公园	
骑马	骑马道	高	自然资源地、骑马道	
高尔夫	高尔夫球场	高	高尔夫球场	

表 3 - 3　游憩活动与现有常见开放空间相应关系

活　动	开 放 空 间 类 型						
	步行道	骑车道	集市	公园	广场	户外体育场地	校园
散步	√		√	√	√		√
聊天	√		√	√	√		√
欣赏景色	√			√			
静坐				√	√		√
看报				√	√		√
跑步	√			√	√	√	√
羽毛球				√	√	√	√
跳舞				√	√		√
划船				√			
骑车		√		√		√	√
乒乓球						√	√
放风筝				√	√		
野餐				√			
篮球						√	√
唱歌				√	√		
钓鱼				√			
大型活动				√	√		√

续　表

活　动	开 放 空 间 类 型						
	步行道	骑车道	集市	公园	广场	户外体育场地	校园
遛狗	✓			✓			
太极拳				✓	✓	✓	✓
攀岩				✓			
滑板				✓	✓	✓	
滑冰				✓		✓	
足球						✓	✓
飞盘				✓	✓	✓	
排球						✓	✓
网球						✓	✓
野营				✓			
室外书法				✓	✓		✓
台球						✓	✓
跳绳等传统项目				✓	✓	✓	✓
骑马							
高尔夫						✓	

3. 基于上海年龄结构的开放空间类型比例需求预测

在开展城市开放空间规划的初期阶段,可依据该市不同年龄人口配比,得出满足不同人口游憩特征的空间模式比例。以更好地为各类人群提供适宜的空间类型,确保活动效度。基于"年龄是造成游憩行为类型差异的来源"的论述,可将空间模式归为 5 类:乐童、少年、竞技、精英和老人。依据各年龄人群[163-164]活动分类偏好归类,可预测上海开放空间各模式比例是 2∶5∶16∶28∶16。

当前上海市开放空间类型中,老年模式的活动设施设置最多,例如,综合性公园中,提供的多为散步道、座椅、棋牌室、凉亭及硬质场地等设施,多划归为老年模式,此类空间模式多满足老年群体的游憩活动特征。以各类球场、跑步道、自行车道为主的精英模式的活动设施和空间类型需增加。推演过程见表 3-4。

表 3 - 4　上海市人口年龄结构至游憩模式推演

年龄构成	0—4	5--17	18—34	35—59	60 以上
百分比	2.99%	7.41%	23.8%	42.4%	23.4%
比例	2	5	16	28	16
游憩模式	乐童	少年	竞技	精英	老年
游憩活动偏好	玩耍、嬉戏类简单活动	偏好跳绳、游戏、滑板、放风筝等娱乐性较强的体育活动	网球、排球、篮球、羽毛球、自行车、跑步等,有一定场地和设施要求的体育竞技类	跑步、高尔夫、野营、骑马等对自然资源有一定要求的活动	唱戏、太极、跳舞、遛狗、看报等休闲类、文娱性强的活动
代表性游憩设施	沙池、滑梯	游乐设施	体育设施	康乐设施	被动游憩设施
代表性空间偏好	小游园	游戏场地	体育场地	体育场地公园	公园

3.1.2　上海公园 LOS 计算法

1. 上海居民游憩活动频率和时间段调查

据上海问卷调查结果显示,上海居民游憩活动多以周使用频率为主。周使用时间段在周末的占 65%,工作日和周末都可进行活动的占 21%。由于开放时间的限制,每日活动时间多集中在白天,但多数居民表示,在条件允许的前提下,白天和晚上都可进行游憩活动(图 3-1,图 3-2,图 3-3)。提供了公园通过增加开放空间时间,提升服务效能的可能。

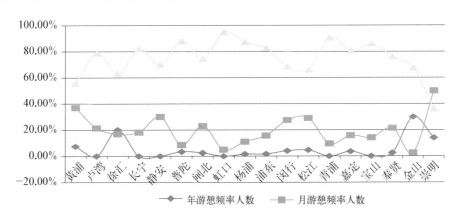

图 3 - 1　上海市各区居民游憩年、月、周活动频率选择比例分布

图 3‒2　上海市居民日游憩时间分布　　图 3‒3　上海市居民周游憩时间分布

2. 建立在 LOS 计算方法上的上海公园数量预测①

由于公园是居民游憩活动发生的主要空间,本节尝试使用美国 NRPA 服务水平(Level Of Service,简称 LOS)计算方法,基于上海居民游憩频率和公园供给能力,对上海市公园进行了测算。首先,重点计算社区级、区级和市级代表性公园的 LOS;然后依据公园服务的实际效果进行 LOS 效度筛选;从而得出上海市各级公园 LOS 的合理范围。拟从居民游憩活动角度,为制定上海城市开放空间 LOS 指标提供参照依据。

(1) 各级公园 LOS 计算

A. 游憩供给(RS)

计算各级公园的游憩供给(RS)(Recreation Supply),也可认为是"公园容量",即合理范围内的"游客量"。单位:可开展的次数/年/公园(♯ Visits Available/Year/Park)。根据上海市各区公园抽样,估算出 2010 年各区各级公园游客量②,拟定为其最少的游憩供给(RS)量。

B. 游憩需求(RD)

将公园和游憩使用者分为轻度使用 Light Users(最少 1 次/年),中度 Medium Users 使用(最少 1 次/月,或者 12 次/年),以及重度使用者 Heavy Users(1 次/周或 52 次/年)。用公式描述参与者的平均代表性游憩需求。计算公式如下:

① 详见 FANG Jia,WU Cheng-zhao. *How Many Parks Should Be Built in Shanghai?* — *Park Quantity Research Based on Local Residents' Park Use and Recreation Need* IFLA APRC 2012。

② 主要以 1995 年《上海园林志》中各公园的游客量(迄今能查阅到的最新官方数据)为基准,将 2.4 的 1995 年至 2010 年人口增长比率为游客增长量系数(上海统计年鉴 2010 年 21794/1995 年:9064)。

$$\frac{(\sharp Light\ Users \times 1) + (\sharp Medium\ Users \times 12) + (\sharp Heavy\ Users \times 52)}{Sample\ Size}$$

$$= Recreation\ Facility\ Demand$$

得出上海市各区 RFD 均集中在每人每年使用公园需求 30～50 次,中心城区 RFD 略大于郊县,以虹口区最高(图 3 - 4)。

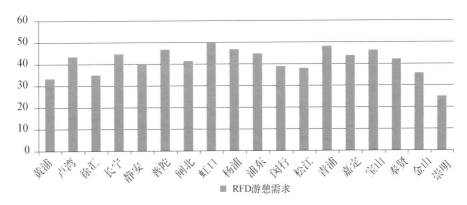

图 3 - 4　上海市各区游客年公园使用需求(RFD)

C. 最少服务人口(Minimum Population Service Requirements,MPSR)

最少人口服务需求代表着每个公园和设施的支持范围中,各级公园提供的服务。公式如下:

$$RFS \div RFD = MPSR$$

可初步估算出各区公园最少每年服务的人口数量。但依据公园服务效能和居民使用习惯,各级别和各类公园 MPSR 差别很大。

D. 各公园的服务水平(Level of Service,LOS)

$$Park\ Acres/Classification \div \frac{Total\ Population\ Served}{1\,000\ people}$$

$$= Level\ of\ Service\ By\ Classification$$

根据公式可计算出上海当前能获取数据的 75 个公园的 LOS。从总体数据看,LOS 基本分布在 5 000 m²/1 000 人以下(图 3 - 5)。中心城区除杨浦区的复兴岛公园,由于交通因素,抵达人数过少,导致 LOS 过高之外,其余各级公园 LOS 指标均分布在 5 000 m²/千人以下。按面积标准分级的中心城区社区级公园,如蓬莱公园、桂林公园、东安公园、复兴公园等,LOS 集中在 1 000 m²/千人以下,以 300~400 m²/千人居多。近郊及远郊各级别 LOS 数量级别偏大,但大多仍集中在 5 000 m²/千人以下,多在 3 000~4 000 m²/千人浮动;社区级公园 LOS 相对中心城区大,集中在 1 000 m²/千人(表 3 - 5)。

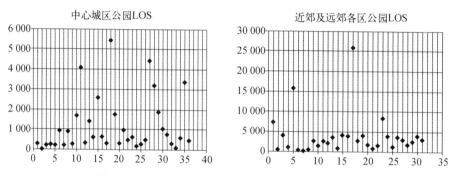

图 3 - 5 上海市各区公园 LOS 抽样计算散点分布图

表 3 - 5 上海市区级公园 LOS 抽样计算

级 别		公园名称	公园 LOS(m²/千人)
区级	虹口	和平公园	575.403 7
	杨浦	杨浦公园	623.548 1
	闸北	闸北公园	1 054.454
	长宁	天山公园	1 424.299
	浦东	川沙公园	1 173.172
	宝山	吴淞公园	1 758.3
	宝山	临江公园	1 627.808
	奉贤	古华公园	3 596.342
	金山	滨海公园	1 848.975
	嘉定	汇龙潭	2 847.821
	崇明	瀛洲公园	3 082.252
市级	普陀	长风公园	5 437.446
	浦东	世纪公园	3 967.189
	松江	方塔园	3 957.839

市、区级公园 LOS 有一定的离散性,分布规律性不强。有些从面积可划分为社区级别的公园。由于其特色突出,资源良好,在实际使用中,也可用作区级乃至市级公园使用。根据数据计算和实地考察,文中选取了在使用过程中认可度高的部分社区公园,作为区级和市级公园的代表性案例。依据综合分析、计算,得出了部分数据规律:中心城区至远郊区,区级公园的 LOS 量级逐步增大:中心城区的区级公园,如闸北公园、和平公园,LOS 相对较小,集中在 500～1 000 m²/千人;近郊区的区级公园,如川沙公园、吴淞公园、临江公园,LOS 集中在 1 000～2 000 m²/千人;近郊区的区级公园,如古华公园、汇龙潭,LOS 集中在 2 000～3 000 m²/千人。不同城区的市级公园 LOS 差别不大,集中在 3 000 m²/千人居多;部分自然资源丰富,可达性不佳的市级公园,LOS 应大于 5 000 m²/千人,甚至达到 10 000 m²/千人。但由于市级公园区位分布、面积悬殊较大,仍需进一步研究。

根据初步计算、总结,可得出上海各级代表性公园的服务水平指标(表3-6)。此指标并不代表上海公园已完成了这样的建设目标,而是基于上海代表性公园当前的服务状态,为各级公园提供了一个参照性建设标准。

表 3-6　上海市各级公园 LOS 计算(2010)

	中心城区(m²/人)	近郊区(m²/人)	远郊区(m²/人)
社区级公园	0.3—0.4	1	1
区级公园	0.5—1	1—2	2—3
市级公园	3 以上		
总　计	3.8—6.4	7—12	13 以上

(2)上海拟需公园数量和面积预测

根据上海各区人口[165]、居委会数量[166],在上节计算的 LOS 参照性标准的基础上,对上海公园数量进行了估算:首先,根据各区人口总数以及各级公园对应的人均面积,推算出各级公园所需面积总量;然后,按照各级公园面积标准,推算各级公园数量。由于市级公园面积差异较大,按照每区平均至少设置 1 个市级公园为原则,根据 100 hm² 为上限,进行数量估算。此外,小游园数量较小,按照个社区居(村)委会数量配给,平均 2 个居(村)委会配给 1 个小游园。推演过程见表 3-7 所示。

表3-7　上海市各级公园面积和数量推演(来源:作者根据相关资料绘制)

区	居委会	村委会	常住人口(万人)	拟需公园面积			拟需公园数量			
				市级(hm²)	区级(hm²)	社区级(hm²)	市级	区级	居住区级	小区级
黄浦	120		53.2	159.6	26.6	15.96	1	3	16	60
卢湾	72		26.94	80.82	13.47	8.082	1	1	8	36
徐汇	302	2	96.27	288.81	48.135	28.881	1	3	29	102
长宁	179	1	64.4	193.2	32.2	19.32	1	2	20	90
静安	73		24.84	74.52	12.42	7.452	1	1	8	36
普陀	238	7	113.59	340.77	56.795	34.077	2	3	34	125
闸北	208	1	76.03	228.09	38.015	22.809	2	2	23	104
虹口	232		77.08	231.24	38.54	23.124	2	2	24	116
杨浦	308		120.62	361.86	60.31	36.186	2	3	37	154
浦东	767	382	419.05	1 257.15	419.05	419.05	4	21	420	280
闵行	370	146	181.43	544.29	181.43	181.43	3	9	182	190
松江	153	107	118.99	356.97	237.98	118.99	3	12	119	76
青浦	88	184	81.55	244.65	163.1	81.55	2	8	82	44
嘉定	126	150	110.54	331.62	110.54	110.54	3	6	111	63
宝山	306	111	136.55	409.65	136.55	136.55	4	7	137	153
奉贤	91	178	81.9	245.7	163.8	81.9	2	8	82	45
金山	82	124	69.1	207.3	138.2	69.1	2	7	70	41
崇明	73	271	69.24	207.72	138.48	69.24	2	7	70	36
总计	3 788	1 664	1 921.32	5 763.96	2 015.615	1 464.241	38	105	1 472	1 751
总计				9 243.82	10 119.32(包括 875.5 小游园面积估算)					

经过 LOS 标准预测,上海公园数量估算,得出的公园面积仅占现存公园绿地面积的 65.68%,城市绿地面积的 8.65%(表 3-9)。表明从用地绝对总量来看,公园用地数量可达到居民游憩需求标准。但当前,从公园数量来看,上海市共有公园 149 处[167],其中,居住区级公园数量最多,为 107 处,占总数的

71.81%；区级公园数量最少，仅 10 处，占总数的 6.71%；小游园数量为 13 处，所占比例很低，仅为 8.72%。由于总体公园层级分配比例的不均衡，和公园的绝对数量未达到标准，使现有公园未能满足居民游憩需求。建立在居民游憩需求上的最少公园个数、面积及分配比率如图 3-6、表 3-8 所示。公园面积与城市绿地面积、公园绿地面积、城市用地面积[168]关系如表 3-9、表 3-10 所示。

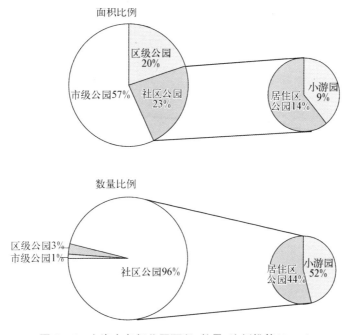

图 3-6　上海市各级公园面积、数量、比例推算(2010)

表 3-8　上海市各级公园面积、数量、比例推算(2010)

公 园 类 型	面积等级(hm²)	数量(个)	比例(%)	面积(hm²)	比例(%)
社区公园	<1,1—10	3 323	95.75%	2 339.74	23.1%
小游园(社区公园分类)	<1	1 751	52.02%	875.5	8.65%
居住区公园(社区公园分类)	1—10	1 472	43.73%	1 464.241	14.47%
区级公园	10—20	105	3.12%	2 015.615	19.92%
市级公园	>20	38	1.13%	5 763.96	56.96%
合计		3 366	100%	10 119.32	100%

表 3-9　上海市各级公园面积(推算)所占现有绿地面积比例

面　积　类　别	面积数量(hm²)	所占比例
公园面积(推算)	10 119.32	
公园绿地面积	15 406.10	65.68%
城市绿地面积	116 929.38	8.65%

表 3-10　上海市现有各级公园面积、数量、比例(2010)

公　园　类　型	面积等级(hm²)	数量(个)	比例(%)	面积(hm²)	比例(%)
小游园	<1	13	8.72	7.46	0.21
居住区公园	1—10	107	71.81	384.87	10.71
区级公园	10—20	10	6.71	128.79	3.58
市级公园	>20	19	12.75	3 072.41	85.5
合计		149		3 593.53	

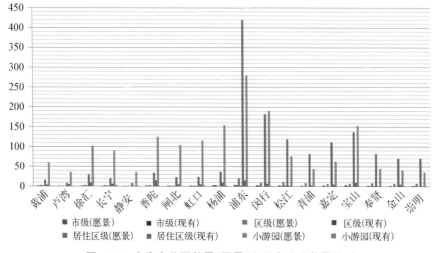

图 3-7　上海市公园数量(愿景)和现有公园数量比对

3.2　基于居民开放空间使用偏好的
城市开放空间规划方法研究

基于开放空间使用偏好的开放空间规划方法研究主要体现在"可接受半

径"，潜在游憩需求的"激活法"中，均在上海市、Waterloo 市、Kokomo 市居民游憩需求和开放空间使用问卷调查结果[①]基础上开展分析与研究[②]。

3.2.1　上海公园规划的"可接受半径"

1. 上海居民离家近的公园选择偏好

在居民选择最常去的公园的动机要素中，"离家近"成为最重要的因素（图 3 - 9）。在选择开放空间使用类型中（图 3 - 8），选择居住区级别类型作为主要活动空间载体的占大多数，选择"居住楼下的小型露天健身场所"的占 40.47%，选择"居住楼盘或单位内的中心绿地区域""多个居住区之间的公园"占 46.79%。此外，选择使用离家最近的公园居民高达 73%，可认为大多数居民倾向于在离家近的公园进行游憩活动。除离家最近的"居住楼下的小型露天健身场所"之外，其他类型的开放空间使用选择概率分布普遍在 20% 左右，且分布较为平均。

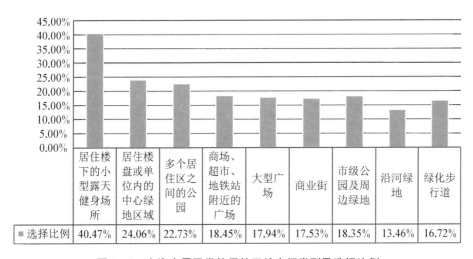

	居住楼下的小型露天健身场所	居住楼盘或单位内的中心绿地区域	多个居住区之间的公园	商场、超市、地铁站附近的广场	大型广场	商业街	市级公园及周边绿地	沿河绿地	绿化步行道
■ 选择比例	40.47%	24.06%	22.73%	18.45%	17.94%	17.53%	18.35%	13.46%	16.72%

图 3 - 8　上海市居民常使用的开放空间类型及选择比例

---

①　调查分别于 2010 年 4 月在 Waterloo，2010.7 在 Kokomo，2010 年 9 月在上海开展，笔者分别在每个城市抽样选取了 35 名不同年龄的受访者进行访谈（共 105 名受访者）。问卷调查在受访的同时开展，个别问卷在访谈后由受访者通过 e-mail 反馈至笔者。将不合格问卷进行筛除，最后在每个城市选取 33 份问卷进行统计研究。Waterloo 的问卷覆盖了少年、青年、中年、老年四个年龄段和不同的社会背景，包括华裔、巴基斯坦裔和印度裔移民，尽量选取在 Waterloo 生活 5 年以上的人群。Kokomo 和上海的人群选择尽量比照 Waterloo 的人口构成，以缩小人口构成背景不同带来的游憩偏好和开放空间使用差距。数据分析和统计使用 Microsoft office Excel version 2007。为便于统计，分别用 Ch，Ca，Us 代表上海、Waterloo、Kokomo 的调查样本。

②　详见 Fang Jia，Wu Cheng-zhao，Geoffrey Wall，Cheng Li．*Comparison of Urban Residents' Use and Perceptions of Urban Open Spaces in China，Canada and USA*．The 47th **ISOCARP** Congress 2011．

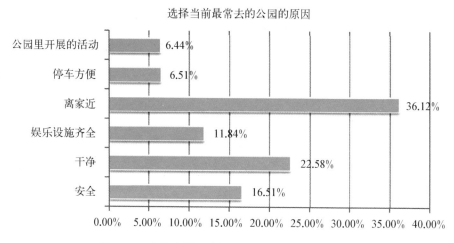

图 3-9　上海市居民选择当前最常使用的公园原因

可认为,除公园之外,广场、商业街、沿河绿地及步行道等开放空间已成为居民游憩活动的载体。

上海居民(Ch)相对 Waterloo 居民(Ca)和 Kokomo 居民(Us)而言,经常使用小游园和邻里公园,76.7%的居民选择了在这些离家近的开放空间中开展日常游憩活动(表 3-11)。此统计结果与珠海研究[169](Jim and Chen,2009)的结论相似:"居民最常使用最小的、离家最近的邻里花园。"在日常和周末使用频率者中,仅有 13.3%的使用者选择社区公园和步行道,6.7%选择城市公园,16.7%选择区域游憩区。Us 选择小游园和邻里公园的人数比例为 69.9%,选择其他类型的是 25%。这个结论同时证实了 Müller-Perband(1979)和 Harrison(1995)[170]等人的观点:"邻近居住地和便捷的可达性可激发或吸引人们对公园的使用。"(Jim and Chen,2009)而对 Ca 的调查结果显示:邻近性和便捷的可达性对使用者使用公园并没有起到很重要的作用,使用者在选择空间的时候,对邻近居所和其他空间类型的选择差距表现并没有 Ch 突出。Ca 仅有 13.3%选择使用小游园、邻里和社区公园、绿道和城市公园,更倾向于使用大型自然资源空间。

根据不同人群的游憩活动发生频率特点,以日、周、月为活动频率发生单位进行分组。选择每日活动的人群中,活动类型和地点均不相同。Ch 倾向于选择离家近的、步行方便可达的空间类型,例如小游园、邻里公园和步行道。Us 在选择公园时,倾向于基于一定的机动性选择,对开放空间类型的步行离家距离没有

表 3 - 11　Ch,Ca 和 Us 游憩活动发生地点、使用频率和使用得分

开放空间类型	使用频率(%)												使用分值ª		
	每日			每周			每月			不使用			Ch	Ca	Us
	Ch	Ca	Us	Ch	Ca	Us	Ch	Ca	Us	Ch	Ca	Us			
小型露天健身场所	40	13.3	33.3	43.3	26.7	23.3	20	13.3	23.3	0	46.7	20.1	2.26	1.07	1.69
居住楼盘绿地	36.7	13.3	36.6	36.7	30	36.6	13.3	16.7	20	13.3	40	6.8	1.97	1.17	2.03
社区公园	13.3	13.3	33.3	36.7	50	33.3	20	6.7	23.3	30	30	10.1	1.33	1.47	1.89
绿化步行街	13.3	13.3	23.3	26.7	36.7	26.7	10	23.3	26.7	50	26.7	23.3	1.03	1.37	1.50
市级公园绿地	6.7	13.3	26.6	40	33.3	13.3	10	20	23.3	43.3	33.4	36.8	1.10	1.27	1.29
近郊休闲度假区、郊野公园等	16.7	3.3	30	50	20	13.3	10	20	26.7	23.3	56.7	30	1.60	0.69	1.73
大型自然区域或风景名胜区	0	3.3	23.3	23.3	13.3	10	20	36.7	30	56.7	46.7	36.7	0.67	0.73	1.19

ª计算使用分值时所赋的权重是：不使用=0；每月=1；每周=2；每日=3。

表 3 - 12　Ch,Ca 和 Us 游憩活动发生地点选择和使用频率

	Ch							Ca							Us						
	P1	P2	P3	P4	P5	P6	P7	P1	P2	P3	P4	P5	P6	P7	P1	P2	P3	P4	P5	P6	P7
每日																					
每周																					
每月																					

* P1,P2,P3,P4,P5,P6,P7 分别代表：小型露天健身场所，居住楼盘绿地，社区公园，绿化步行街，市级公园绿地，近郊游憩度假区，郊野公园等大型自然区域或风景名胜区。

* 表中不同颜色代表的程度是：黑=高；灰=中；白=低。

很强依赖性。

在以周为周期的使用人群中,所有群体均表现出对邻里和社区公园使用的倾向性。Ch 和 Us 对自然特征区域的使用选择倾向性为中等,Ca 表现出对活动发生地自然特征区域的高要求,也体现出 Waterloo 市自然区域资源的丰富,为居民提供了享受"真实的自然"("real nature")的前提条件。

在以月为周期的使用人群中,三类人群在开放空间的使用选择中体现出极大的不同。Ch 大多选择小游园和社区公园进行活动,Ca 多选择区域性自然资源空间开展活动,Us 对开放空间类型的选择没有很强的倾向性。居民对空间的选择反映出了 Waterloo 为 Ca 提供了以自然环境为基底的游憩机会,Kokomo 周边缺乏有吸引力的自然资源,但在市区范围内提供了一定的游憩机会。上海的自然资源空间数量有限,加上可达性、费用等因素,影响了居民对大型游憩空间的使用。

2. 上海离家近的公园、绿道需求度高

使用者对不同开放空间类型的需求分为五个等级进行选择和描述,分别为"非常需要""需要""无所谓""足够"和"一点也不需要"。根据选择百分数,将选择人数的百分比分为三级:50%～100%为"高",20%～50%为"中",小于20%为"低"。

大多数 Ch 选择了"非常需要"和"需要"增加小游园、邻里公园、城市公园和步行道,所有最需要的空间类型均在城市区域内。相反,大多数 Ca,Us 未表现出对城市区内小游园、邻里公园、社区公园的强烈需求,选择这类空间"足够",而对城市公园、自然资源区域表现出增加的需求(表 3-13)。

表 3-13　Ch,Ca 和 Us 对开放空间类型的需要程度比较

开放空间类型	非常需要			需要			无所谓			足够			一点也不需要		
	Ch	Ca	Us	Ch	Ca	Us	Ch	Ca	Us	Ch	Ca	Us	Ch	Ca	Us
居住楼下的小型露天健身场所															
居住楼盘绿地															
社区公园															
绿化步行街															

开放空间类型	非常需要			需要			无所谓			足够			一点也不需要		
	Ch	Ca	Us	Ch	Ca	Us	Ch	Ca	Us	Ch	Ca	Us	Ch	Ca	Us
市级公园绿地															
近郊游憩度假区,郊野公园等															
大型自然区域或风景名胜区															

* 表中不同颜色代表的程度是:黑=高;灰=中;白=低。

总体而言,三类人群中的受访者均表现出对绿道(游径)的兴趣,认为需增加此类空间。而访谈者对此类空间的认识和需求倾向性有很大的区别。Ch 认为应建造更多离家近、方便使用、有一定绿荫的步行道,可用于跑步、遛狗等日常活动。Ca 更多强调绿道的自然属性,特别是追求通过绿道,在自然区域中的真实的自然体验。

3. 步行"可接受半径"——1 200 m

虽然,上海居民在选择"来往公园方式"较为多样,但 47% 的居民选择了"步行"(图 3-10,图 3-11),且选择比例随着步行时间的增加而衰减;在"步行 20 min"

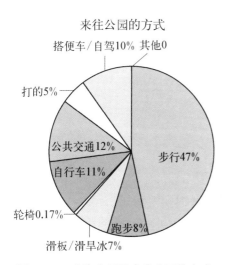

图 3-10　上海市居民来往公园的方式

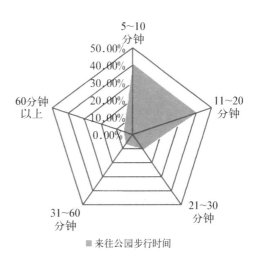

图 3-11　上海居民来往公园步行时间

时段出现了明显的衰减现象(图 3 - 12),即超过 80% 的上海居民可接受最多 20 min 的步行时间抵达开放空间进行游憩活动。1 200 m,及步行 20 min 距离①,可被认为是上海受欢迎的公园与居住地之间规划的"最受欢迎距离"。

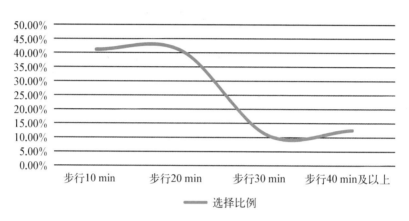

图 3 - 12　选择步行至开放空间的距离及衰减

此距离有一定的动态性,即不同城市由于居民出行情况不同,环境资源不同,最佳距离不同。同一城市,在不同的发展时期,不同季节,"最受欢迎距离"也可能不相同。

表 3 - 14　上海市民主要游憩活动地点调查选择比例

步行时间(min)	步行距离(m)	选择比例
5—10	300—600	41.23%
11—20	660—1 200	40.83%
21—30	1 260—1 800	10.98%
31—60	1 860—3 600	6.93%
60 以上	3 600 以上	5.68%

由于闲暇时间长,机会多,居民的周末、节假日活动出行距离比日常距离大,且居民倾向于使用自行车、公交系统、私家车等机动性强的出行方式,公园

---

① 　按照平均 1 秒 2 步,1 步 50 cm 测算,1 s 走 1 m,60 s 约行走 60 m,20 m 约 1 200 m。

规划中的"服务半径"应多反映为非步行方式的抵达时间,以体现居民使用的便捷度。基于居民的公园使用偏好,规划的"服务半径"应与居民出行方式紧密结合,参考"最受欢迎距离",从居民对公园的使用角度,称为"可接受半径"更为适宜。

上海城市开放空间"可接受半径"的制定可基于日常活动和周末节假日活动的机动性特征,即日常服务和周末服务。例如,选择社区、区级、市级三重服务覆盖,体现日常服务的社区级开放空间实现 20 min 步行可达,实现 1 200 m 服务半径的覆盖。体现周末和节假日服务的区级、市级开放空间体现自行车、公共交通、私家车抵达时间长度的不同,可分为自行车 20～30 min(约 6 000～9 000 m)可达;公共交通、私家车 30～60 min 可达;步行 60 min 以上可达。即可制定以步行为基础的 1 200 m 服务半径;自行车行 1 200～9 000 m 服务半径和大于 9 000 m 的机动车服务半径的三重覆盖。

3.2.2　上海居民潜在游憩需求的开放空间激活法

1. 上海居民当前开展游憩活动类型的局限性

(1) 与美国、加拿大居民游憩活动类型丰富度的差距

根据国际活动问卷调查中通行的 20 类开展的活动设置活动类型选项,并依据活动频率的不同,设定 5 个级别:1 为不进行,2 为很少进行,3 为有时进行,4 为经常进行,5 为频繁进行。为更直接地比较活动的开展情况,将参与者的答案选项按照其所占的百分比率分为三个等级,高级:选择人数大于 60%;中级:选择人数占 30% 至 59%;低级:选择人数少于 30%。

统计表显示:Ch 和 Ca 均不经常开展绝大多数游憩活动,Us 经常开展游憩活动。Ch 经常开展的活动是:散步、跑步、骑自行车和长时间步行。Ca 经常开展的活动是:长时间步行、野餐、野营和野生动物观赏。Us 经常开展的活动是:散步、跑步、骑自行车和园艺。Ch 基本不进行的活动多达 8 类,分别是:有教练指导的健身活动、网球、高尔夫、钓鱼、雪地车、滑雪、骑马和野营。Ca 基本不进行的活动种类最少,有健身操、有教练指导的健身活动、雪地车和骑马。Us 基本不进行的活动有:健身操、滑冰、网球、高尔夫、雪地车和滑雪。

对于三类人群而言,散步同样都是最经常发生的活动。Ch 和 Us 均常进行"Hiking"活动,虽然不同城市的居民对"Hiking"有不同的理解。Ch 受访者多表达为"超过 40 min 的徒步行走",而对沿途的自然景观没有特殊要求,行走的环

境可以是上下班的路途、商业街、超市等人工环境。而 Us 对"Hiking"有特殊的自然景观的要求,特别是应在大面积的自然区域中进行。雪地车是所有群体中最少开展的活动。Ch 开展的游憩活动类型是所有群体中数量最少的。

表 3 - 15　Ch,Ca 和 Us 游憩活动类型比较

活 动 类 型	Ch					Ca					Us				
	1	2	3	4	5	1	2	3	4	5	1	2	3	4	5
看电视		▨			■					■			▨		■
读书/看报,杂志等			▨					▨		▨					■
散步			▨					▨							■
在健身场馆中健身	■					■					■				
有计划的定期健身活动	■						▨						▨		
有专业人士指导的活动							■					■	▨		
游泳	■	▨					■				■				
滑冰		■					■				■				
网球							■				■				
种花/菜			▨				■								
慢跑	■						■					▨			
骑自行车	■						■						■		
高尔夫							■				■				
划船							■								
钓鱼							■								
徒步行走(多于 1 h)	■						■		▨				■		
雪地车						■									
滑雪	■					■									
野餐	■						■						■		
骑马							■								
野营	■						■								
野生动植物参观	▨						■				■				

* 表中不同颜色代表的程度是:深灰=高;浅灰=中;白=低。

* 活动频率的级别是:1="不进行";2="很少进行";3="有时进行";4="经常进行";5="频繁进行"。

（2）上海 2010 调查对上海居民五年后游憩活动类型增加潜力的预测

对五年后可能开展活动类型排序前 10 位为：散步、欣赏景色、聊天、羽毛球、跑步、看报、静坐、野餐、钓鱼和跳舞。散步仍排第 1 位，虽仍处于主导地位，但其选择比率下降了 8.77%，并非说明市民该活动频率降低；且与选择的集中度有所降低，选择概率均摊至野餐、钓鱼、放风筝及骑车等更多类型的活动中。

"野餐"取代"跳舞"，跻身前 10 位，聊天、看报、静坐排名有小幅下降。欣赏景色、跑步、羽毛球排名上升，但在排名前 10 位的活动中；点、线状活动仍为发生的主体。前 10 名中，"野餐"和"欣赏景色"排名的大幅上调，野营、骑马、钓鱼等活动排名的统一上调，说明了市民活动类型对自然资源依赖程度的提高，表达了在高质量自然环境中活动的愿望（表 3-16，图 3-13），以及游憩活动类型的增加。

表 3-16 上海城市居民当前和五年后主要游憩活动类型（2010 年）

活动类型名称	形态	自然资源依赖级别	当前选择人数比例	作为 5 年后主导活动选择人数比例	选择比例变化	排序变化（负值为排名退后；正值为排名前进）	5 年后活动类型名称
散步	线状	中	48.93%	40.16%	−8.77%	0	散步
聊天	点状	中	32.42%	19.98%	−9.17%	−1	欣赏景色
欣赏景色	点状	高	32.01%	23.24%	−12.03%	1	聊天
静坐	点状	中	23.65%	15.19%	−5.50%	−3	羽毛球
看报	点状	中	19.67%	15.80%	−2.55%	−1	跑步
跑步	线状	中	13.86%	17.13%	1.94%	1	看报
羽毛球	块状	低	13.56%	18.14%	1.63%	3	静坐
跳舞	块状	中	11.11%	11.42%	1.22%	−2	野餐
划船	面状	高	9.17%	7.44%	2.45%	−7	钓鱼
骑车	线状	中	7.85%	10.19%	3.57%	−2	跳舞
乒乓球	块状	低	7.34%	8.05%	3.06%	−4	放风筝

续　表

活动类型名称	形态	自然资源依赖级别	当前选择人数比例	作为5年后主导活动选择人数比例	选择比例变化	排序变化（负值为排名退后；正值为排名前进）	5年后活动类型名称
放风筝	面状	高	6.73%	10.40%	3.47%	1	骑车
野餐	块状	高	6.63%	12.33%	3.26%	5	篮球
篮球	块状	低	6.63%	9.89%	2.34%	1	攀岩
唱歌	块状	中	6.22%	6.22%	1.83%	−4	乒乓球
钓鱼	点状	高	5.30%	11.62%	2.14%	7	划船
其他			4.59%	4.08%	2.75%	−7	大型活动
大型活动	块状	低	4.59%	7.34%	1.94%	1	太极拳
遛狗	线状	中	4.49%	5.20%	1.73%	−1	唱歌
太极拳等	面状	中	4.38%	6.52%	0.82%	2	遛狗
攀岩	面状	高	4.08%	8.97%	1.12%	−7	野营
滑板	面状	中	3.36%	3.87%	4.28%	−3	排球
滑冰	线状	中	2.85%	3.67%	0.71%	−3	网球
足球	块状	低	2.14%	2.14%	1.22%	−4	其他
飞盘	块状	中	1.33%	0.82%	1.73%	−7	滑板
排球	块状	低	1.22%	4.38%	2.34%	−6	滑冰
网球	块状	低	0.82%	4.08%	1.02%	4	骑马
野营	面状	低	0.61%	5.20%	1.33%	7	足球
室外书法	块状	中	0.61%	2.04%	1.53%	−1	桌球
桌球	块状	低	0.51%	2.14%	1.43%	1	室外书法
跳绳等传统活动	块状	中	0.51%	1.12%	0.61%	0	跳绳等传统项目
骑马	线状	高	0.10%	2.24%	0.31%	5	飞盘
高尔夫	面状	高	0.10%	0.10%	0.00%	0	高尔夫

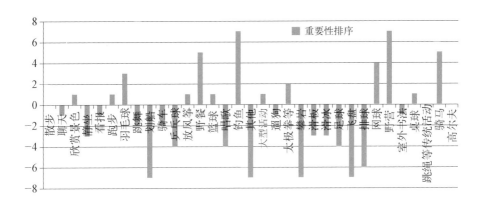

图 3 - 13　上海市居民游憩活动重要性排序(2010)

2. 上海居民游憩活动低设施依赖度向高自然资源依赖度的转化潜力

将活动类型从"看电视"到"野生动物观赏"按照与自然资源接触的紧密程度由低到高排序,作为横坐标;将不同人群对活动的选择百分比作为纵坐标,可绘制曲线,体现不同人群开展游憩活动对自然资源的依赖程度。Ch 曲线显示,随着活动自然资源依赖度的增加,选择该类活动的人群比例急剧衰减,对于某些自然资源依赖度较高的活动类型,例如野营和骑马,参加者几乎为零。Ca 和 Us 曲线也出现了相似的衰减趋势,但衰减程度比 Ch 曲线低。对于自然资源依赖度较高的活动,例如野餐、钓鱼、野营和野生动物观赏等,选择"有时参加"的参与者所占份额仍较高(图 3 - 14)。

同样,将活动类型从"看电视"到"雪地车"按照对游憩设施专业度的要求由低到高排序,作为横坐标;将不同人群对活动的选择百分比作为纵坐标,可绘制曲线,体现不同人群开展游憩活动对游憩设施的依赖程度。相似的结果显示为:Ch 曲线显示随着活动游憩设施专业度依赖度的增加,选择该类活动的人群比例急剧衰减。对于某些活动类型,例如野营、骑马和雪地车,参加者几乎为零。Ca 和 Us 曲线也出现了相似的衰减趋势,但衰减程度比 Ch 曲线低。对于游憩设施依赖度较高的活动,例如高尔夫、滑冰、滑雪等,参与者所占份额仍处于较高水平(图 3 - 15)。

可见,相对 Ca 和 Us 而言,Ch 表现出的游憩活动特征是:对自然资源、游憩设施依赖程度均不高,大多开展最基础的、简便、极易实施的活动类型,例如:散步、跑步及骑自行车等。游憩活动中,开展的专项体育活动类型十分有限,在自

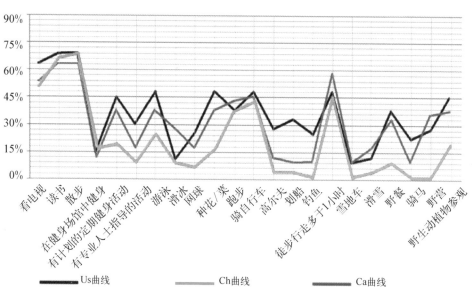

图 3 - 14 Ch,Ca 和 Us 游憩活动类型自然资源依赖度

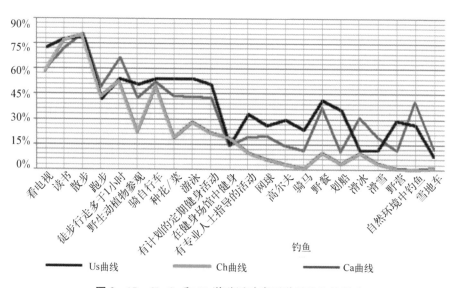

图 3 - 15 Ch,Ca 和 Us 游憩活动类型游憩设施依赖度

然环境中开展的活动类型也有所局限。也体现出 Ch 游憩活动类型发展的潜力。随着中国城市开放空间质量的提升,以及居民游憩活动类型的增加,将会提升活动对自然资源和设施的依赖度,使游憩活动依据各城市资源特色,向自然资源型(环境型)或设施型(产业型)发展。

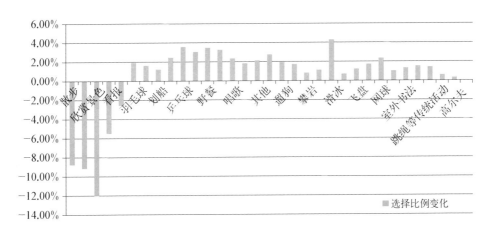

图 3-16　上海市五年后居民游憩活动重要性排序变化

虽然前 10 位活动无明显变化,但前 5 位传统活动有不同程度的下降。后27 位无一例外上升,在表达出活动丰富性的增强和活动类型拓展的同时,从游憩活动类型上看,也体现出低设施依赖度向高自然资源依赖度的转化潜力。例如,散步、看报、羽毛球和静坐等低设施依赖度活动的选择重要性降低;攀岩、钓鱼、野餐、放风筝、野营和骑马等高自然资源依赖度活动的选择重要性升高。

3. 通过开放空间激发潜在游憩需求

游憩体验(Recreation Experiences)过程是游憩者在游憩地的信息交流与身体运动过程,一般包括生理体验、心理体验、社交体验、知识体验和自我实现体验等 5 方面。一个游憩地应能满足多种体验,以满意为最终目标[171](吴承照,1998)(图 3-17)。

对使用者游憩体验的满足,主要分三个层次[172]:感知—认知—求知。开放空间应起到对使用者游憩体验的良性引导作用,不仅以使用者满意为目的,应更能针对不同使用者,通过一系列的游憩体验,最终达到从满意到激发创造力的提升。即能通过在某开放空间中的游憩体验,能激发新的需求,得到新的人生感悟和价值观的提升(图 3-18);潜在的游憩需求,可通过居民在开放空间中的游憩

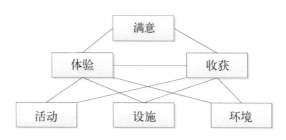

图 3 - 17　游憩需求层次与结构

(来源：参考文献[171])

活动与体验，得到激发，从而转化为新的游憩需求。开放空间可被认为是激活潜在游憩需求的场所"媒介"。

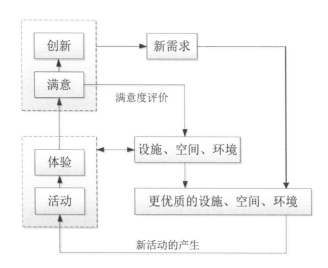

图 3 - 18　游憩需求和设施、空间环境的关系

　　游憩需求可主要通过游憩体验需求来体现。游憩体验需求主要分为个人生理型、个人心理型、知识技能型、回归自然型、人际交往型、自我实现型[173]和创新型等 15 个分项。通过开放空间中的代表性要素——设施、场所等，均可能对以上多种游憩体验、游憩活动产生激发的作用。以表 3 - 17 中的开放空间要素为例，健身器材、跑步道，可能激发没有运动习惯的使用者的运动活动潜能，产生保健游憩体验，更可能通过使用者在此开放空间中的某次健身器材使用体验，激发其开展持续游憩活动的愿望。在理想条件下，也可能进一步通过该使用者在此空间中的活动及其与其他使用者的交往,引发新的游憩需求,例如,竞技赛事、新器材教学与培训活动等,以表3-17为例。

表3-17 开放空间中可能激发的潜在游憩需求类型

开放空间要素 (设施、场所等)	可能激发的 游憩活动	可能产生的 新游憩活动	可能激发的 游憩类型	可能产生激发的 新游憩体验
健身器材与场地 跑步道 林荫道	日常器械锻炼 散步跑步	器械使用培训 小型竞技赛事 摄影 写生 舞龙等节庆活动	保健型	情绪型 知识型 关系型 交往型
旷野 悬崖等挑战型地貌/器材	暴走 探险 跑酷 蹦极	身体素质测量 微影视制作 小众展览	发泄型	逃离型 调整型 情绪型 知识型 灵感型
高地 体育类器材	登高 相应体育类项目	节庆登高 摄影 吟诗 体育赛事 俱乐部活动	平衡型	调整型 知识型 灵感型 感受风景型
宁静氛围 自然要素显著的空间	静坐 远眺	孤独感体验 冥思 写作	逃离型	情绪型 灵感型 接触自然型
风景优美的绿道 草地 水域	骑车 骑马 野餐 划船 游泳	缓解压力的新运动形态	调整型	知识型 技能型 感受风景型
展示空间 有设施的户外场地	艺术展 大型活动	先锋艺术 创作实践	目标型	知识型 灵感型 交往型
富氧、清泉等高质量自然要素	富氧运动 森林浴	芳香理疗 自然SPA	情绪型	逃离型 保健型 灵感型
展馆 标志性构筑物 自然现象集聚地	历史学习 自然现象观测	写作 摄影 新实验 标本采集制作	知识型	技能型 目标型

开放空间要素（设施、场所等）	可能激发的游憩活动	可能产生的新游憩活动	可能激发的游憩类型	可能产生激发的新游憩体验
滑板场地等学习某种运动技能的设施空间	相应技能学习	相应课程　培训交往	技能型	目标型平衡型保健型发泄型
自然场景人聚集地	观测自然现象感受他人行为	发现奇观寻找新感悟	灵感型	感受风景型接触自然型回归自然型交往型
自然美景	赏花　观日出潮汐	发现特殊美景与现象	感受风景型	回归自然型
雨、雪、极光等自然现象	观测自然现象	不同自然现象中的体验	接触自然型	回归自然型感受风景型
团体活动设施场地	足球等团队活动	俱乐部建立节庆赛事	情感型	关系型交往型自我价值体现型
有配套设施的场地	交谊舞等联谊活动	联谊会建立新交往活动	关系型	交往型
舞台、演讲台	唱歌、演讲	公共场合的自我表现	自我价值体现型	交往型

3.3　基于居民生活方式的城市开放空间规划模式研究

本节对城市开放空间规划模式的研究主要分为三个层次：满足现有游憩需求的基本模式（体现在 3.1 节中）、多维度模式及理想模式。

3.3.1　多维度模式

多维度模式主要分为空间多维、时间多维、时空关系多维三方面，分别通过居民游憩活动特征的空间表达，中国人时间取向特点，以及户外生活动态发生描述获取。并通过相应的逻辑演绎，得出相应的分项模式和规划方法（表3-18）。具体内容体现在以下小节中。

表3-18　多维度模式构成、来源及逻辑演绎

模式构成	分项模式和规划方法内容	逻 辑 演 绎	来　　源
空间多维模式	分项1：空间替换 分项2：游憩活动组合基础上的城市开放空间配置	居民户外生活内容——游憩活动——同一空间载体使用中的"多维"	居民户外生活内容，通过游憩活动进行空间表达
时间多维模式	分项1：时段交替	中国人多维度时间取向——游憩活动中的"一时多用"——同一空间载体，面向不同时段的"多维"使用	时间取向是引发空间使用偏好的要素
时空多维模式	分项1："昼夜半圈" 分项2：共用模式	户外生活发生的动态特征（生活路径）——游憩活动的时空转换——时空交织产生的"多维"	日常户外生活的动态发生描述，以及以上来源的综合

1. 空间多维模式来源——游憩活动特征的空间表达

依据3.3.1节中上海中心城区居民"一日生活事件"描述，将人群活动特征，用时空模式加以"转译"，抽象出生活中对时空认知的共性，为开放空间规划提供依据。主要体现在日常游憩活动的时空叠合、时空节奏性和周循环中，并以此抽象模式作为依据，进一步提炼出适合这些模式的空间规划理论构型。

（1）日常户外生活的时空叠合

基于以上各类人群行为的分析和描述，可认为，城市居民日常生活活动具有确定性、重复性与重叠性特征。上海居民的日常游憩行为与许多国外城市一样，具有活动内容的确定性与时间的重复性。不同年龄群体虽然有城市开放空间的使用时空阶段不同，但仍具有时空重叠性，成为判断空间效度的基础。如图3-19所示，以个人居住地为中心，依据开放空间离居住地的距离，依次为：小游

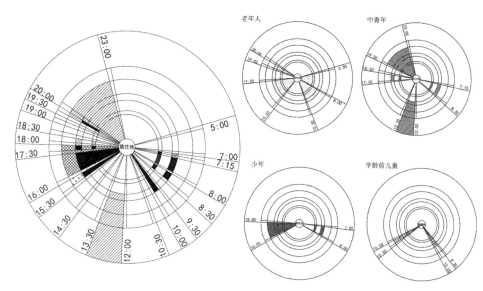

图 3‑19　上海市不同年龄社区级城市开放空间时空使用和叠合

园/健身苑、小区内步道/集市;社区公园/广场/户外体育场地、居住区外围步道/集市;区级公园/广场、区级步道和市级公园及步道。

从日常不同年龄段对社区级开放空间的使用叠合情况看,7:15—8:00的社区级集市/道路是利用率最高的空间;其次是 7:15—8:00 的区级道路;8:00—8:30的社区级和区级道路;9:30—10:00 的社区级小游园、区级公园;15:30—17:30 的区级和社区级各类开放空间;17:30—18:00 的区级、社区级道路;以及19:00—19:30 的区级和社区级道路。10:30—12:00 和 13:30—15:30 是各开放空间利用率最低的时间;20:00—23:00 的社区空间和 12:00—13:30 的市区级空间,最适合上班族使用。游憩行为时空特征的描述是制定城市开放空间协调模式的基础和直接依据。

(2) 居民日常游憩行为时空节奏性

由于居民日常游憩行为多在居住地周边进行确定性、重复性与重叠性的活动,这种行为对相应开放空间产生了节奏性的相互作用。"作用的结果,形成了居民利用区域环境的网络与心理的区域意识,包括区域行为习惯、观念准则以及建立熟知的区域环境影响。这种城市区域环境映像又决定居民外在行为以熟悉的区域空间活动为主。"[174](王兴中,2000)根据作者对上海中心城区的居住小区进行的调研的结果,可概括出"社区活动圈",即以居住为中心社区基本活动进行的总结和抽象,以及将居住之外的可能涉及的功能和行动距离进行的概括。由于社区范围内的活动主要以步行为主,最大活动范围上限一般为居民普遍能承受的、从居住地到目的地的步行最长时间,超过此时间范围则多选择公共交通或私家车等其他出行方式。如图 3-20 所示,"社区活动圈"中的主要内容和离家步行距离分别为:游憩(5～20 min)、就餐(5～30 min)、购物(5～30 min)、工作(15～30 min)、上学(10～30 min)以及通行至就近的车站、乘车出行、抵达工作、上学或其他地点(10～30 min)。社区生活是日常生活的基础,要将游憩需求在社区生活得到满足,并能通过规划设计,使社区居民能在"不经意间"完成每日的户外锻炼目标,创造更多的交往机会。就必须通过对社区生活内容的研究,根据居民游憩行为的时空规律、路径,营造便捷、合理、具备一

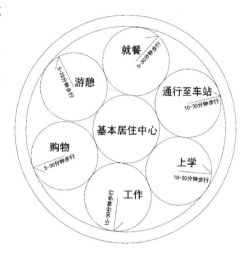

图 3-20　日常社区生活行为及步行范围

定游憩体验质量的社区级公园、步道、户外体育设施及广场等空间,并提供相应设施。

社区行为的时空节奏性是这些内容的高度概括,并能很好地体现游憩行为和空间使用的规律。区域节奏性使城市不同区域具有不同的人文环境。所有区域的人文环境与活动节奏构成了城市活动的时-空节律,不同人口构成区域节律不同,引发开放空间规划模式特征不同。生活方式可以改变人的日常游憩行为的节律,节律变化,区域人文环境也发生分化,开放空间也将随之进一步分化。根据不同年龄段人群的社区日常活动内容,可分别作出"社区日常生活时空节奏图",反映工作日活动离开居住地的范围和时间段,从而体现主要的时空规律。从图 3-21 中可以看出:老年和少年的社区生活时空节奏感较为紧凑,在步行可达范围内的活动较为频繁,且与居住地空间关系结合密切。中青年(上班族)和幼儿活动节奏较为缓和,幼儿常在离家不远的范围内活动。将各人群的时空节奏图叠加可发现社区活动普遍行为规律:5:00—7:00 范围内和 17:00—23:00 两个时段中离家 1 200 m(步行约 20 min)的范围,是社区户外生活发展较为频繁的。应有针对性地对这个时空关键段进行有效的规划设计,使其成为激发居民产生户外游憩行为的关键。

（3）居民游憩行为的周循环

西方国家研究城市日常活动在时间上的重复，是以每日、每周、假日（法定）和年度假期来分类的（D. Ley，1983）。主要是用汽车交通量来估计。空间重叠的规律还结合问卷等方法来估量，如闲暇活动就分每晚（公共场所）、每周（教堂）、夏季（海滨）等重复与重叠类型[174]。在中国城市中，随着周末和节假日闲暇时间大量增加，游憩行为机动性增强，各人群活动与年龄、家庭结构、经济收入和职业背景不同，产生了不同的循环特质。（图 3－21 中，从居住中心到最外围的开放空间级别依次为：社区级、居住区级、区级、市级）。

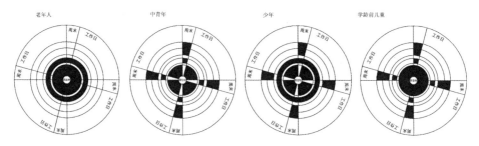

图 3－21　上海居民不同年龄人群周末行为覆盖范围及循环

老年群体工作日和周末的主要游憩活动范围没有很大的差别，多集中在步行可达的居住区和社区层面；中青年群体工作日多使用离家最近的社区级开放空间，周末则多使用区级和市级空间；少年群体与中青年群体使用的主要区别是，少年群体对社区级空间不论在周末还是工作日，都有一定的使用偏好；幼儿对居住区空间使用依赖度较高，不论工作日和周末都有使用需求。

2. 时间多维模式来源——时间取向是引发空间使用偏好的要素

从以上调查表体现出 Ch 日常使用小游园和邻里公园的概率大多出现在6：00—8：00 和 18：30。然而 Ca 和 Us 对开放空间使用的时间分配较为均衡，在各时间段均有出现。此现象对不同种族居民对游憩活动的认知，以及游憩在不同居民生活中的地位紧密相关。大多数 Ch 受访者将游憩活动和生活必须活动不可完全划分开来，在"锻炼""与朋友交流、聊天""遛狗""买菜""买早餐""逛街""逛集市""送接孩子上学放学"及"带小孩出去玩"等活动之间的界限模糊。在这些日常出现的社区户外活动中，经常由"步行"将不同的活动组织起来，形成一条活动路线。"散步"和"长时间行走"是 Ch 描述的经常开展的活动，而这两类活动与西方语境下的理解有所不同，也与社区生活中的活动密不可分。对于 Ch

而言,"散步"可以是一种锻炼,也可以作为抵达某处的常见方式,也与遛狗、聊天、观景及其他活动密切相连。在访谈过程中,一名 65 岁的上海女性对日常生活的描述是对这种现象的最好解释:每天早晨,她带着小狗下楼,牵着狗在小区里"遛遛",和她同时段出门的有小区里的"熟人",大多年龄相仿的,见面"聊天",再一起去小游园或者离家最近的居住区绿地中"随意活动"。在遛狗的同时,看其他人作操、打太极。然后去街上的店面或者流动摊贩处买一家人的早餐和新鲜蔬菜,再回家。这个典型的上海高密度社区中的晨间生活是一天生活的开始。

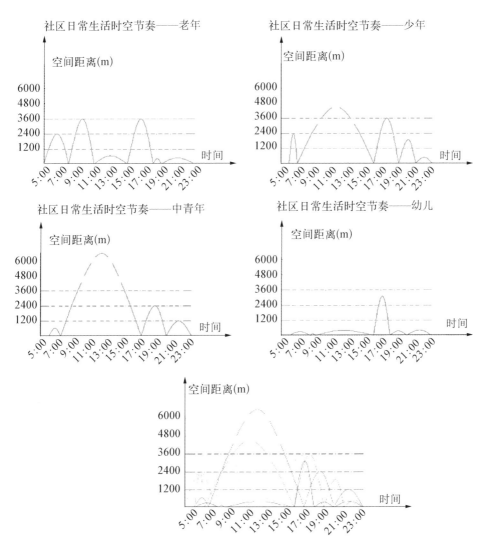

图 3 - 22 上海居民不同年龄人群日常生活行为节奏及分布重合

所有以"步行"串联的并一系列发生的这些活动：聊天、遛狗、观看和购买食品，具有很强的关联性，成为一个"活动类型包"，其中的游憩活动和生活必须活动很难分离。

调查中 Ch 体现出来的行为特征与 Tingwei Zhang and Paul H. Gobster 在 1998 年进行的芝加哥中国城中华裔生活的调查[175]，反映出的特征相似，均可以用"通常而言，中国人遵守多元时间模式；北美城市居民遵守单一时间模式"。中国人和西方人不同的时间取向（Polychronic and Monochronic Time——多维度时间取向和单维度时间取向）是这种行为特征的不同产生的来源。Hall and Hall's（1990）对于多元时间模式的描述"在同一段时间做多件事情（T. Zhang and Gobster,1998）"，可认为是 Ch 游憩活动发生的重要特征。Ca 和 Us 游憩活动的发生也充分体现出了"单一时间模式，即在单一时间中从事一种活动，呈一个离散的和线性的方式"（Hall,1990）的特点。

表 3－19　Ch,Ca 和 Us 对开放空间的选择和使用时间比较

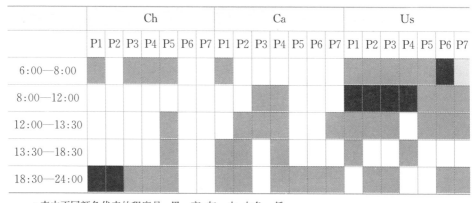

* 表中不同颜色代表的程度是：黑＝高；灰＝中；白色＝低。

在 Tingwei Zhang and Paul H. Gobster(1998)的论文中，阐述了"英美文化中可将游憩活动和生活必须活动清晰分开"的特征。在对 Ca 和 Us 的访谈中，虽然有些访谈者同样提到了在"购物中心进行锻炼"是一种游憩活动的方式，但一名 54 岁美国女性的描述与上海女性描述完全不同，她认为，"购物中心"是一个"比公园更好的锻炼地方"，因为"有洗手间和座椅"，在其中锻炼"不需要担心天气不好"，"不用买任何东西，只需要在里面散步"就达到了锻炼的目的。这个访谈者将"散步"与"购物"分离开来，即便她描述的是一个"购物中心"，但谈到"散步"时，也会围绕"散步"所需要的条件展开讨论。

3. 时空多维模式来源——上海中心城区居民代表性日常户外生活的动态发生描述

日常生活是游憩行为产生的来源,在中国,法定休息日达到了 114 天,占生活时间的 31.2%,工作日高达生活时间的 68.8%[176]。虽然休息日时间正在不断增加,但在当前,工作日仍然成为生活时间的主要载体,工作日的日常生活质量决定着居民总体生活质量。

应该注意到的是,上海私家车保有量在持续上升,并逐渐影响人们每日的出行方式,在单位时间内扩大出行范围,但据《2010 年上海市国民经济和社会发展统计公报》显示,据抽样调查,至 2010 年末,平均每百户上海城市居民拥有家用轿车 17 辆[177],具备私家车出行能力的家庭仅占不到 17%。基于步行、自行车交通和公共交通的人群,在当前,并将在一定发展阶段内占绝大多数,因此,本书将此类人群作为研究重点。

作者于 2009 年 5 月至 2012 年 1 月通过对上海市中心城区社区的生活体验,进行实地走访、调查和访谈,用移动观察、尾随调查、摄影、居委会、居民人群访问调查和对杨浦区控江街道作的集中调查,总结出工作日"一日生活事件"(图3-23—图3-26),并对其中出现在户外的活动,以及可能使用到开放空间的时间段描述如下:

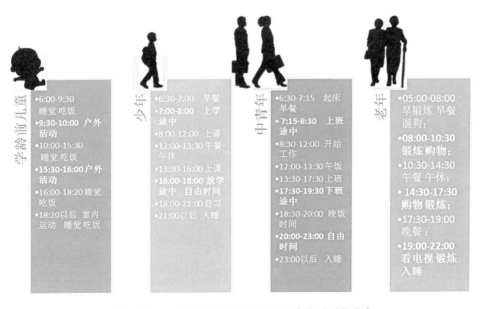

图 3-23 上海市不同年龄段居民日常生活时间分布

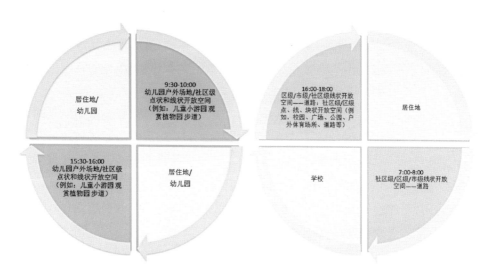

图 3‑24 上海市幼儿和少年城市开放空间使用类型和时段

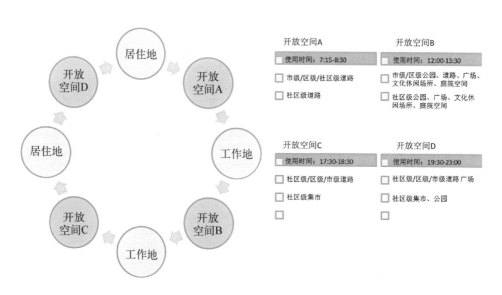

图 3‑25 上海市中青年城市开放空间使用类型和时段

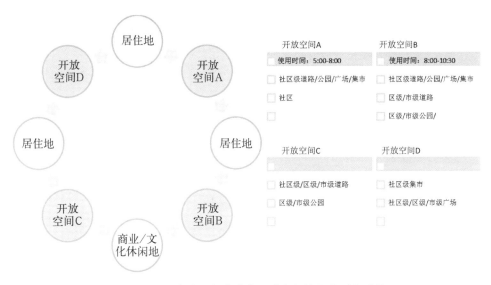

图 3 - 26　上海市老年人城市开放空间使用类型和时段

学龄前儿童由于暂无单独出行的能力,且对户外环境物理条件,如光照、温度、空气质量等要求较高,其日常户外游憩行为所占的单段绝对时长少,活动频率高,随机性高,但户外游憩时间多集中在两个时间段:9:30—10:00 和15:30—16:00,活动类型主要以有大人陪同的游戏、玩耍、晒太阳为主,多发生在离住所较近的开放空间中,例如社区小游园、步道等。

以在校学生为主要群体的少年,由于学校生活、升学、课业负担的局限,户外时间段集中在 7:00—8:00 的上学途中和 16:00—18:00 的放学后、晚餐前时间,上学途中的活动大多是以通行为目的的步行、骑自行车。放学后,学生大多有户外游憩活动时间,活动内容主要是运动和玩耍。发生地点选择性强,出于学生的活动安全性考虑,其活动地点通常局限在居住地周边的各级校园、广场、公园、户外体育场所和道路中。学龄前儿童和少年使用的开放空间多以离家近的社区级各类空间为主,但空间中为该群体服务的设施缺乏,导致对此类空间兴趣的衰失。

以上班族为主要群体的中青年受工作压力、通勤拥挤方面的影响,大多放弃晨练的时间,户外活动主要以通行为目的的上下班步行、骑自行车、乘公共交通行为,集中在上下班高峰时段——7:15—8:30,17:30—18:30,发生在各级道路中。负责晚饭的家庭成员,多会在下班时段 17:30—18:30 同时发生买菜等户外活动,出现在社区集市中。受工作地点和性质所限,12:00—13:30 的午餐时间,部分工作人群可选择在户外各级公园、广场、文化场所等类型的开放空间就餐,也有就近进行短期户外游憩活动的机会。中青年主要集中开展户外游憩活动的时间段集中在 19:30—23:00,活动内容选择范围很广,主要为体育锻炼、散步、逛夜市、遛狗。由于现阶段此时段能开放的公园数量很少,因此,上班族多选择各级道路、广场、集市开展活动。随着 ICT① 对人们生活方式的改变,上班族,特别是青年群体,多选择室内休闲娱乐活动,或进行室内体育锻炼,放弃户外游憩活动。从使用时间、空间占有率、空间与群体活动类型匹配程度来看,青年群体是当前社区级城市开放空间使用中的"弱势群体"。

由于每天拥有的闲暇时间最长,且具有独立行动的能力,以退休后有自主行为能力的老年人群是户外游憩活动的积极实行者,5:00—8:00 是户外游憩活动最丰富的阶段,具备"多元时间模式"东方特色,包括早锻炼、聊天、散步、买早餐、遛狗、逛早市等,几类活动可同时开展,发生地点在社区级道路、集市、公园、广场中。8:00—10:30 和 14:30—17:30 时间段,是户外游憩活动集中发生的时段,由于中国老年人多有照看第三代的习俗,这两个时段,肩负此类责任的老年人与学龄前儿童的活动地点大多重合,分布在社区级别、离家很近的公园、广场、道路中;其他老人大多"不在公园,就是在往返公园的路上"。19:00—20:00,是老年人开展晚间游憩活动的黄金时段,跳舞、唱歌成为在广场开展的主要活动,逛集市、遛狗、聊天也经常发生在各级道路中。由于老年群体的活动多以低强度的非体育竞技活动为主,以公园、广场、健身苑为主体的城市开放空间恰能满足老年人的此类活动需求,从使用时间长度、空间使用效率、设施和群体活动的匹配程度来看,老年群体是当前社区级城市开放空间使用的主体。

4. 适于高密度城区的开放空间"多维度"供给模式和规划方法探索

(1)空间多维模式

1)分项 1:空间交替

为减少集中使用一种空间造成的资源压力,可在使用者接受的前提下,根据居民游憩活动的类型和使用特点,提供更多具备相似性质的其他空间对某一类经常使用的空间进行替换,达到减缓资源使用压力,提高游憩体验度的效果。例如,广场替代公园;校园替代体育设施场地;步道替代公园等。

从居民使用角度上来说,如果其中开展的基本活动类型相似、离家距离相近、在游憩活动对环境品质没有特殊要求及空间服务效能上无明显差别的前提

---

① 信息、通信和技术三个英文单词的词头组合(Information and Communications Technology,简称 ICT)。

下,居民可进行相似类型的替换。例如,居民以跑步为主要活动目的在公园中活动,可以尝试用跑步道、学校运动场等替代。

以上海为例,校园空间、道路空间、屋顶花园和社区健身场地等,都具备很大的游憩使用潜力。若加以改造和管理,必将提供很多高质量的城市开放空间使用资源,解决游憩使用资源紧缺的难题。依据上海各区校园统计,可初步考虑作为某时段开放空间使用的校园总计 2 735 处(表 3-20),社区公共运动场 316 个(表 3-22)。具备开放空间改造潜力的道路也高达 2 000 处(图 3-27)。充分说明了上海在空间替换模式的空间利用方面具备很大潜能。

表 3-20　上海各区校园类别和数量统计(来源:作者根据上海教育局信息统计、绘制)(2010 年)

区名	市级	区级	居住区级		小区级	总计
	高等院校	职校	中学	小学	幼儿园	
黄浦	0	6	24	19	33	82
卢湾	0	2	15	14	15	46
徐汇	6	2	40	42	86	176
长宁	2	1	28	26	39	96
静安	1	1	15	12	15	44
普陀	1	1	48	28	68	146
闸北	2	1	42	36	53	134
虹口	2	5	41	35	51	134
杨浦	14	1	55	44	75	189
浦东	14	8	153	161	204	540
闵行	3	2	56	55	123	239
松江	6	5	32	31	58	132
青浦	1	2	26	40	42	111
嘉定	3	1	31	23	43	101
宝山	6	2	54	72	110	244
奉贤	5	1	37	33	48	124
金山		3	30	32	23	88
崇明		1	39	34	35	109
总计	66	45	766	737	1 121	2 735

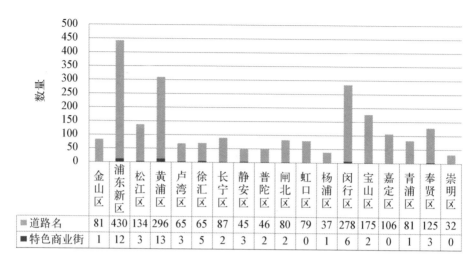

图3‑27 上海市具备城市开放空间改造潜力的道路数量(2010年)

(来源：作者根据资料绘制)

根据上海年鉴对上海建筑类型的统计(表3‑21)，居住房屋占总体房屋面积的56.24%，其中公寓和职工住宅所占比例最大，为51.76%。这些类型由于存在于居住区中，为居民日常游憩行为提供了便利，建筑质量相对较好，为拓展屋顶健身场地提供了最大可能。非居住房屋中的办公楼(3.39%)、学校(6.8%)、商业建筑(5.87%)，由于公共性强、建筑层高适中，都具备改造为屋顶健身场地的潜力。据估算，上海市具备屋顶健身场地改造的建筑占总建筑量的36.1%。

表3‑21 2010年上海建筑类别和数量统计[178](来源：上海统计年鉴)

类　　别	面　　积	占总面积比例
总计	93 592	
居住房屋	52 640	56.24%
花园住宅	2 064	2.21%
公寓	492	0.53%
职工住宅	47 951	51.23%
新式里弄	528	0.56%
旧式里弄	1 237	1.32%
简屋	29	0.03%

类　　别	面　　积	占总面积比例
其他	339	0.36%
非居住房屋	40 952	43.76%
工厂	18 524	19.79%
学校	3 172	3.39%
仓库堆栈	1 654	1.77%
办公楼	6 365	6.80%
商场店铺	5 497	5.87%
医院	754	0.81%
旅馆	931	0.99%
影剧院	75	0.08%
其他	3 979	4.25%

表 3 - 22　群众体育健身活动场所情况(2008—2010)[179](来源：上海统计年鉴)

指　　标	2008	2009	2010
社区健身场地面积(万平方米)	301	301	301
社区公共运动场(个)	220	261	316
社区公共运动场面积(万平方米)	234	239	247

注：本表数据由市体育局提供。

2) 分项 2：游憩活动组合基础上的城市开放空间配置

基于上海居民"同一段时间做多件事"的行为偏好，以及游憩活动和生活必须活动密不可分的特性，可在游憩活动组合的基础上，配置合理的系列开放空间，与居民多重活动偏好相匹配。同一开放空间中可以开展各种游憩活动，各项活动之间相互关系主要有以下几类：连锁、冲突、观赏、无关(吴承照，1999)。其中，相互冲突的不能规划于同一空间，可规划于不同类型的开放空间中；具有连锁关系、观赏关系的应充分利用其空间上的关联性，相互借景、合理布局。在进行开放空间规划之前，应先根据其功能定位，列出各项可能发生的游憩活动，分析各项活动之间相互关系，最终落实到活动分区、分段规划中。文中选取 32 类上海经常开展的活动为例，考虑各项活动的形态特性，将其分类为点状、面状、线状、块状四类,分别进行关联性分析(图 3 - 28)。例如,面状活动中的划船和攀岩、攀岩和野营、划船和高尔夫应进行分区规划;点状活动中的钓鱼、看报、静坐和聊天等活动基本可兼容,在同一空间中发生;线状活动中的骑马和滑冰,遛狗和滑冰,骑车和滑冰等均不兼容,不可同时同地发生;线状活动中的骑马和遛狗、骑马和骑车,块状活动中的室外书法和太极、跳绳和滑板、排球和篮球等,可分段计划,选择不同时段开展;室外书法和飞盘、桌球和野餐等可选择分段与分区同时计划,在不同时间不同地点开展。通过不同活动的组合比对,还能选出兼容性好和差的互动,根据空间规划的需要,有选择性地引进或避免此类活动的开展。例如,点状活动中的聊天、赏景、静坐和看报等活动,与其他活动兼容性好,可在其他活动空间中,考虑多提供该类活动的空间和场所。滑冰、滑板等活动与其他活动的兼容性差,可能需要相对独立的空间和有一定标准的设施以及使用时段,才能满足该类活动的体验质量。

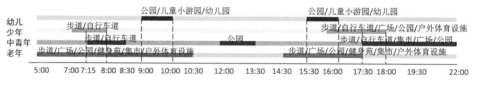

图 3 - 28　上海居民不同年龄群体游憩活动共轭时段

(2)时间多维模式

多体现在时段交替中,即针对老年、幼儿群体户外活动时段、场所类型多、自由度大的特点:7:15—8:00 的步道使用人群最多、10:30—14:30 的公园使用人群最少的现象,告知使用人群有选择地"错峰出行和使用"。此外,中青年开放空间使用类型选择较少,时段集中在下班后,马路菜市场、公园的开放和管理时间应针对工作日下班时间进行调整,相应的设施可根据人群的使用时段不同进行变更和维护。例如,晚间开放的场地应配备灯光,安放一些为中青年人群服务的运动器材,提供体育设施器材租专业人员运动指导等服务(图3 - 28)。

(3)时空关系多维模式

1)分项1:"昼夜半圈"

基于居民日常游憩行为的时空特征,从时间和空间角度进行规划、活动项目策划,因地制宜地创建出不同的社区空间使用模式。

"昼夜半圈"模式(图 3 - 30)由于白天和夜晚游憩行为模式的不同,产生的使用模式不同。由于社区级别的开放空间类型、数量的限制,基于用地集约的要求,同一开放空间可在不同时段产生不同的使用方式。科技与不同设施和场地的特点,开展不同的活动。以社区级空间为例,清晨安排常见的跑步、遛狗、遛鸟和晨操;中午至下午安排老年、婴幼儿的活动,如聊天、读报、玩沙等;晚间安排夜市、灯光球场、灯光舞会、演唱会、音乐会、夜间集市和纳凉故事会等。在不同的时段,同一空间也可能产生不同的功能。例如,马路集市,在早晨和下班时段,成为便民集市;交通繁忙时段成为机动车通行道;夜间可成为夜市。学校、广场在早晨可组织晨操、太极,成为晨练场地;夜间成为灯光球场,依据季节、节假日的需要,开展露天电影、灯光舞会等。

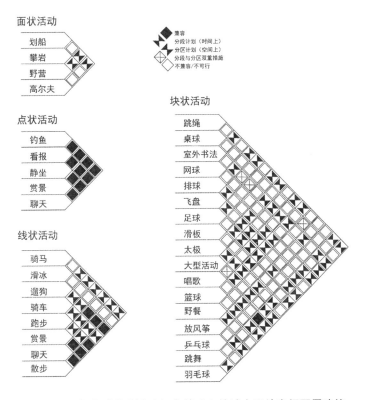

图3-29　各类型游憩活动组合基础上的城市开放空间配置建议

2)分项2:共用模式

为了使空间和时间分配更加贴合居民的需要,应根据居民生活路径中体现的规律,来进行空间分配和安置;及注重居民行为中的连续性,并将其体现在空间的功能性搭配和不同空间的连通性中。提高空间的使用效率,增加不同居民交往的机会。

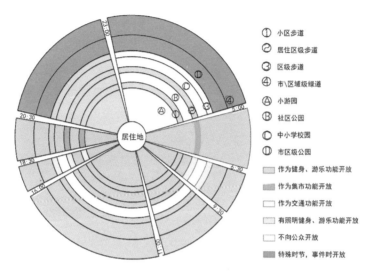

① 小区步道
② 居住区级步道
③ 区级步道
④ 市\区域级绿道
Ⓐ 小游园
Ⓑ 社区公园
Ⓒ 中小学校园
Ⓓ 市区级公园

▨ 作为健身、游乐功能开放
▩ 作为集市功能开放
▢ 作为交通功能开放
▨ 有照明健身、游乐功能开放
▢ 不向公众开放
▩ 特殊时节,事件时开放

图 3-30 "昼夜半圈模式"空间管理示例

例如,按照不同年龄段使用时段,显示出各群体的使用空间分布,能较为直观地显示出各人群在特定空间和时间中的重叠。7:15—8:00 老年、少年、中青年可能共同使用社区级步道、自行车道;9:00—10:00 老年人和幼儿共同使用公园、小游园等;15:30—16:00 老年、幼儿、部分少年使用小游园、步道等;17:30—18:00 少年和中青年使用步道、自行车道等。根据各人群使用的时空重叠和非重叠特性,衍生出相应的符合各群体生活路径的空间形式,并在路径时常交汇的空间设计满足交往需要的设施、空间形态。

此外,在空间设施的安排上,还可考虑到:由于老年人群的使用时间段包含了幼儿大部分使用时间段,而且有部分上班族的幼儿由家中老人看管。因此,可在老年和幼儿常使用的场所中配备相应的设施,例如:幼儿沙池旁的木座椅、棋牌桌等,供陪伴儿童玩耍的老年人使用。同时,也可以在老年健身器械旁设置幼儿塑胶跑道,停放婴儿车处,以及秋千等适合幼儿使用的设施,便于两类人群同时满足游憩需求。此外,中青年上下班和少年上学放学时段、地点重合,可将步道、自行车道设计,基于这两类人群的共同使用作为重点设计进行研究。例如,中青年和少年并行的步道尺度是多少?步道旁是否需要预留早餐供应点的摊位空间?

3.3.2 Uranus 理想模式

1. Uranus 理论模式宏观结构

一个城市理想的开放空间规划应是多个不同层不同类型空间系统的叠

合,并通过有机筛检,成为最终的布局模式。需叠合的系统分空间系统和管理系统两部分,由自然基底、人造环境、活动项目策划和组织指导、空间管理服务策略等子系统组成。自然地理条件为基础的子系统以河流、天然植被群、不适宜建设用地(高地、泥泞地、岩石地、低洼地等)为基底,保留生境优先的原则。以人造环境为基础的子系统——步行道、体育运动场、广场、公园为主要类型,重点突出社区级开放空间——小游园、健身苑、步行道、集市等离居住地距离最近、最易使用的空间和设施为主。以活动项目策划和组织指导为主的子系统,包括相应空间安排的活动类型、时间、人群组织、志愿者或专业人员指导以及对项目供应机构,配送方式的计划。空间管理服务策略子系统包括各类空间的开放时段、管理措施、对居民意见的采集和反馈等。将各子系统叠合,重点依据居民投票、政府资源管理评估、专家评分进行筛选和调整,形成系统分布的最佳组合。以生态发展背景为依托,居民需求为主,结合现有自然资源基础,充分利用已有资源,做到资源使用的最大化和使服务效度最高(图 3 - 31)。

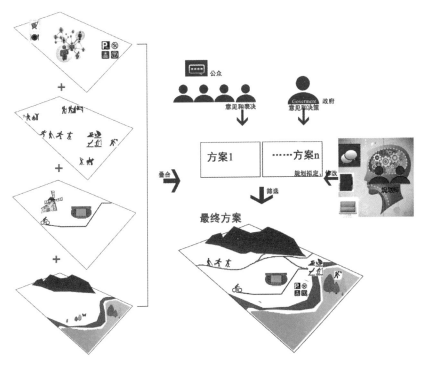

图 3 - 31　城市开放空间规划宏观模式的多系统叠合策略

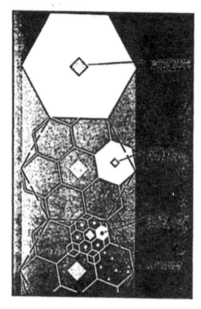

图 3 - 32 1969 年大伦敦发展规划
开放空间层级模式图

(来源：参考文献[180])

从规划阶段上来看,应在对每个社区有特色定位的基础上,结合现有资源,进行总体建设地块模式的选型,制定总体开发策略,充分整合地块所处总体区域的可用资源,确立开放空间系统、步行体系的宏观构架。再将地块细分为不同居住组团,依据开发规模和定位,再次进行相应层级的构架、类型选型,最终落实到基层各空间要素中,结合设施、活动项目,形成综合体系。

Uranus 开放空间理论模式(图 3 - 33)以"将游憩融入日常生活"为目标,有别于单纯以空间形式存在的网络体系以及层级模式,拉近了开放空间形态与日常服务内容的联系。主要分小区、社区、区和市级层面上的不同开放空间类型,注重各类型、组团空间的连接和体系整体效能的发挥。建立在以人性化尺度的社区为主导,提倡步行和公共交通出行的生活方式基础上的 Uranus 模

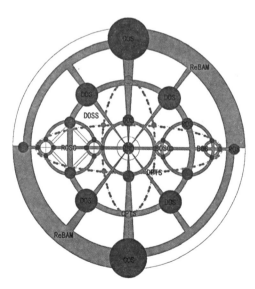

小区级城市开放空间（BOS）
小区级城市开放空间组团（BOSC）
社区级城市开放空间（ROS）
社区级城市开放空间组团（ROSC）
区级城市开放空间（DOS）
区级城市开放空间系统（DOSS）
市级城市开放空间（COS）
市级游憩中心区（RBD）
区级公共交通站点（DPTS）
市级公共交通站点（CPTS）
环城游憩带（ReBAM）

图 3 - 33 Uranus 模式图

式,有别于 1969 年大伦敦规划中首次提出的、并在西方城市开放空间系统规划中起指导作用的"开放空间层级模式"(The GLDP open space hierarchy,详见图 3-32)。主要模式特征为:

1) 注重开放空间的可达方式和使用便捷性,提升其相应级别的服务质量,并使其服务范围内的居民不因为抵达过程中的路程、物理障碍物等因素,而放弃对离家远距离开放空间的使用。

2) 注重不同级别空间的连接性,整合出完善的体系。遵循步行范围由小至大,步行距离由近及远的开放空间发展和衍生规律,从人的游憩活动维度出发,依据活动路径居住地—邻里—社区—区—城市—郊野,通过游径,或是公共交通系统把这些开放空间连接起来。在居民抵达各级开放空间的过程中,也能融入游憩活动。

3) 注重相同级别空间的个性。由于相同级别不同空间的联系,形成了小区、社区、区和市级不同层面的空间体系,在同一层级上,保持不同社区中开放空间设施、活动项目的特性,能更好地体现和发挥系统整体效能。

具体的模式构成方式是:以各居住区中零星分布的小单元(Basic Open Space,BOS)为基础,通过各社区特色的优选和建设,经过步道或带状开放空间的连接,形成小型组团(Basic Open Space Cluster,BOSC)。再与社区级别的公园、广场、校园和户外体育场地(Residential Open Space,ROS)连接,成为高级别的社区开放空间组团(Residential Open Space Cluster,ROSC)。然后通过步道、骑车道、滨水区等带状区域将社区级别的组团,与区级大型公园、广场等开放空间(Distric Open Space,DOS)相连接,组成各区相对独立,又能整合一体的区级开放空间系统(Distric Open Space System,DOSS)。最后,通过公共交通(Public Transportation System,PTS)站点的分布和线路的关联,将每个区级系统均能与市级开放空间(City-level Open Space,COS)和市域范围内大面积自然地、环城游憩带(ReBAM)、一日可达的城外游憩资源相连接,还可与市级特色型步行道、骑车道相连接,与市中心的游憩商务区(Recreation Business District,RBD)相联系,从而达到全市城市开放空间系统合理相连的网络体系。

Uranus 的特色在于:同级别开放空间和组团都应具备自身特色和活动项目一定的差异。以社区级别各空间为例,基于不同社区居民的年龄、职业、教育背景和家庭构成特点,设置不同类别的活动。在资源共享的原则和前提下,在一个社区组团中,能有多种游憩活动项目和设施的选择,在营造高质量社区户外生活的同时,提供了更多步行锻炼的机会和较高品质的体验空间。在工作日中,能通过步行的方式,在 20 min 内便捷地抵达社区级开放空间,体验不同社区的组团特色;在节假日,有选择性地通过步行、骑车、公交出行的方式,抵达更高级别的大型开放空间。

2. Uranus 模式的中观结构

Uranus 空间模式,从居住组团、居住小区、社区、区和市均有空间模式上的考虑。

在居住组团底层发展模式中,可借鉴提升社区生活质量的 TND①,TOD②模式,倡导土地的综合利用、公共设施的外置、加强对社区公共资源的利用、结合步行可达的社区级城市开放空间体系的建设等来提升公共领域的价值。例如,可因地制宜、依据不同社区的区位特点和资源基础,尽量将周边绿地、环境保护区、公园及广场等外部开放空间组织成网络,与学校、图书馆、体育馆、室内游泳池及老年活动中心等公共设施和自行车线路、步行线路结合起来,形成公共领域,并合理设置超市班车站、公共交通车站等,加强和其他系统的连接。

社区级别的小型组团(Basic Open Space Cluster,BOSC)是 Uranus 模式实现的关键构成单元。以现行《城市居住区规划》相关规范[190]中对居住区和社区规模的定义,将社区级别的开放空间分为居住组团(1 000—3 000人/300—1 000户)、居住小区(10 000—15 000人/3 000—5 000户)、居住区(30 000—50 000人/10 000—16 000户)三个级别。从最小单元——居住组团的规划出发,探讨不同形态的开放空间连接和衍生方式,实现从"家"—居住组团—居住小区—居住区的日常行为路径的空间演进,为 Uranus 模式的基层单元提供规划设计模式参考依据。

社区级别的 BOSC 涵盖的开放空间基本要素分为"点"、"线"两类形态。基于开放空间的连通性以及每类开放空间在社区中的位置的考虑,可将"点"状空间分为三类:居中,一个边界相邻,两个边界相邻;并能衍生出几类常见的空间组合模式。"线"型空间依据在社区中分布的空间特点,可分为"全沟

① TND(traditional neighborhood design)的布局模式采用混合使用的土地利用形态、保护开放空间、相互贯通的道路网络等处理方式,可以看作 TOD 模式的早期形式。
② TOD 的主要特点和设计原则是:住宅与私人小花园与共有的开放空间环绕、不同类型的家庭类型混合。街道构型不同于传统的"网格化"街道,而是建立在使用基础上的街道层级类型。当地社区中的街道大多为社区居民服务,交通流量很低,将这些街道连接起来,与主街相连。

通"和"半沟通"型模式,并能根据相应空间特点,衍生出七类常见的连接模式。将"点"、"线"状模式的组合进行叠合与筛选,能初步得出八类不同风格和特色的空间综合分布模式(图 3-34)。例如,1 类模式分布最为均衡,连通性最好,并在居住区中心位置设置较为集中的游憩设施和绿化,营造了居民集聚和交往的场所,并保障了每个居住组团中游憩用地的面积。4 类空间在注重游憩路径趣味性的同时,也保障了路径的连通性。由于将相邻组团的小型空间合并,增加了相邻组团居民的交往机会。6 类空间强调总体社区中心地带的景观品质和使用效能,并提供了一定的视觉丰富性,居住组团的小型分布在社区边界,为与其他社区的居民交流、使用沿街商业、文化设施创造了条件(图 3-35)。

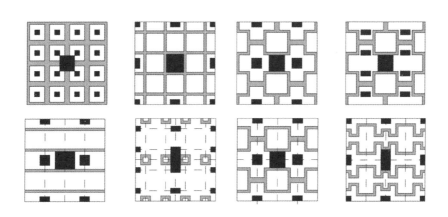

图 3-34　几类常见的中观空间组合模式图

3. Uranus 模式的微观结构

在 BOSC 中观结构模式的基础上,可进一步强调各社区特色和人口构成特点,有针对性地策划游憩活动项目,使项目有一定的差异性,为社区居民提供多种活动选择设施和空间。例如,在第 5 类空间形态中,中心区块状空间面积相对较大,可安排羽毛球、乒乓球、太极拳等集体活动;相邻的空间安全性较高,可安排作为儿童活动场地;线性空间可安排遛狗、跑步、散步等;边缘区小型空间,可安排健身、键球、跳绳等用地少、参与人数少的活动。根据人口特征选择不同空间类型。

不同形态空间所具备的空间设计要素,应作具体的安排和考虑。以"线性"空间——健行道、绿道等为例。

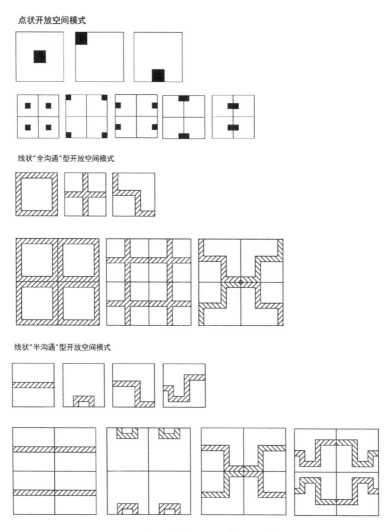

图 3 - 35　常见的中观层面点、线组合模式

A. 起点、终点和途径点

基于中国居民路径的选择应与生活内容密切相关。在同一时间段内,开展不同种类的活动特点。路径的起点和终点宜选取在居住区内,便于进入居住区的地段,或公园、广场、户外体育设施等游憩活动发生的地段。若设置在商业区,则应提供与居住区有便捷连接的路径。途径点应尽量选择日常生活中经常使用的场所,如超市、集市、菜市场、学校、公交车站、图书馆、邮局及银行等。使居民在经过线性空间的同时,完成出行,实现途径点的功能(图 3 - 36)。

B. 连接模式

路径连接形式可分为组合、点至点两类。组合的形式中,可在依据路径的长度、途经点性质,适量结合、安置"踏脚石"空间,作为空间补充。以点至点组合方式为主的线性开放空间,可提供从起点抵达终点的路径方式、长度、路径质量、途径景观等,提高通行效率,也为不同需求的居民提供多样化的选择。例如,可选择家—公园—超市;家—步道—家;家—广场;10 min、20 min、30 min,以至 1 h 的路径,其界面处理、途径空间特色,乃至铺地、设施,均有不同,可完善细节设计——按摩脚的小石头道;塑胶跑道;青砖等。

按照游憩活动轨迹形态,可将其分为点、线、块、面四类,各类活动的发生均有对环境级别的要求,分为低、中、高三级。应根据活动要求发生的环境前提、条件和空间级别设置配套空间,在不相应级别上设置游憩设施将造成空间的浪费。

例如,乒乓球、篮球、排球需要相对专业的硬质场地、球类设施才能开展,属于中、高级的设施要求(图 3 - 37)。赏景需要达到一定视觉愉悦度的场所才能满足需求,在没有感官愉悦度的空间内设置观景台和设施,无法吸引足够的人群参观。静坐也有一定的环境要求,如一定的停留感、私密性等,在宽阔的步行道旁设置座椅很难吸引人就座;遛狗,需给主人配备粪便处理器、狗绳等设备,否则将造成污染步行道、影响交通环境的后果。

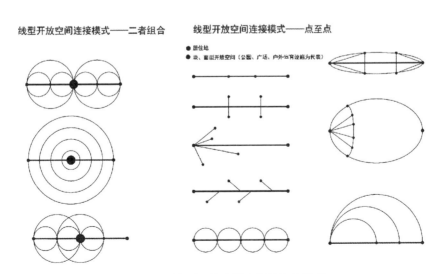

图 3 - 36　线型开放空间之间的连接模式

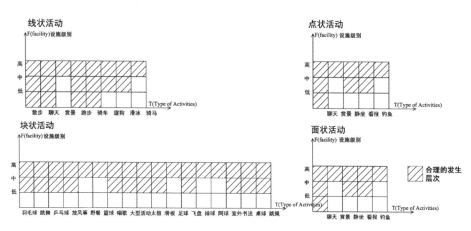

图 3-37　游憩活动的设施配置要求

本 章 小 结

在量化标准研究方面,本章以上海居民游憩需求调查为基础,对能满足上海居民游憩需要的开放空间类型、公园数量进行了预测,提出了满足居民游憩需求的相应管理措施改进建议。在空间使用偏好研究方面,本章通过上海与Waterloo 市和 Kokomo 市调查问卷结果的比对,探索了上海居民人性化维度的生活空间尺度以及自然环境和设施依赖度选择偏好。在规划模式研究方面,本章通过上海居民"一日生活事件"的体验、调查和总结,基于生活方式和现有开放空间资源,探寻出三类模式。分为,满足现有游憩需求的规划基本模式、多维度模式以及倡导可持续生活方式的理想模式(以 Uranus 结构为代表)。

第4章

城市开放空间规划方法与模式的上海案例验证

4.1 "转译"规划法的徐汇滨江开放空间案例验证

4.1.1 徐汇滨江开放空间对居民游憩活动和体验需求的满足

1. 案例建设背景与调查设计

(1) 区位

徐汇滨江开放空间是指龙腾大道与黄浦江之间的岸线空间,用地面积约163.3 hm²,沿黄浦江岸线长度约为8.4 km,腹地宽度约为40～300 m。规划主要由公共绿地、广场、公共活动设施、配套服务设施和水泥厂原址改造的文化演艺园构成。

根据黄浦江南延伸段控制性详细规划,区域北起日晖港、南至徐浦大桥,自北向南依次分为B、C、D三个单元板块。逐步打造成徐汇区又一个"宜商、宜居、生活休闲"的福地[191]。沿江自北向南分为枫林生命科学园区滨江区(B)、滨江商务区(C)、滨江居住区(D)。枫林生命科学园区滨江区(B)位于日晖港以南、龙华港以北,北接内环线,总用地面积约182.3 hm²,滨江岸线长约1.9 km。B单元由瑞金南路—日晖港—黄浦江—龙华港—宛平南路—中山南二路所围合,土地面积182.3 hm²,岸线长约1.9 km,规划建筑容量262万 m²。

滨江商务区(C)南起中环线(上中路)、北至龙华港、西至龙吴路,总用地面积约439.1 hm²,长4.3 km。规划建设徐汇区现代服务业聚集区,重点发展商贸、办公及航空文化科技产业,打造滨江公共活动及商务中心,形成徐家汇副中心的功能延伸。

图 4-1 徐汇滨江开放空间案例调研范围
（来源：作者在原图基础上绘制）

2010 年世博会前，徐汇公共开放空间一期工程已完成并对公众开放[183]。一期工程形成了 3.6 km 长的滨江大道和亲水平台。本调查地段属于 B 开发单元中 2009 年完成的一期工程，见图 4-1。

（2）发展定位

1）总体规划理念——"上海 CORNICHE 的营造"

规划方案源于"上海 CORNICHE"，是龙华滨江优质生活的象征[184-185]。"CORNICHE"原指一条从法国戛纳到尼斯的沿地中海海滨大道，人们可以在此散步、观景、活动，欣赏沿途风景。因此，"CORNICHE"成了高品质生活的代名词。目前已建成的徐汇滨江开放空间一期，平均每天约吸引 2 万人次市民前来游览观光。案例通过岸线改造，打造滨水开放空间，空间中提供的自行车道、步道及亲水平台等多重游憩空间，以及攀岩、儿童滑板广场等多项游憩设施，表达了上海市民对高品质生活的向往。

2）特色定位——打造"西岸文化走廊"

徐汇滨江开放空间位于集现代传媒、演艺、文化休闲、商务旅游为一体的高端影视制作和现代传媒产业集聚区。将结合剧院、音乐厅、美术馆建设，举办西岸音乐节、西岸建筑与当代艺术双年展等一系列活动，打造独具魅力的"西岸文化走廊"（图4-2）。"上海西岸"国际高端创意文化艺术产业聚集区的定位，通过文化休闲产业、对游憩需求进行了诠释和表达[189]。随着"东方梦工厂"落户，龙当代美术馆、余德耀美术馆与徐汇区的正式签约，"上海西岸文化走廊"的正式开建，众多美术馆、博物馆、图书馆、剧场、文化活动平台、雕塑等将错落有致地分布在这条走廊上，成为上海"最大的户外美

图 4-2 徐汇滨江——"西岸文化走廊"[188]
（来源：东方早报）

术馆"和文化新地标。

（3）调查设计

调查主要从两个方面展开：一、游憩设施、支持设施和空间调查。主要通过规划相关资料获取和现场踏勘方式,对徐汇滨江开放空间中的游憩设施、活动配套设施、空间、景观要素的类型,进行调查和统计。将此空间对游憩需求的供给具体化,从而明确游憩需求是通过何类设施和空间得到满足的。二、问卷调查。通过发放问卷和分析问卷结果,尝试通过可达方式、时间、游憩频率、游憩活动类型、设施满意度以及通过在该空间中的游憩活动,评价其对居民身心健康、生活满意度、居民交往、社区和谐度提升的影响。

1）问卷调查

A）问卷调查方案

依据问卷调查不同阶段的问卷初步设计—专家访谈—试调查—问卷修改—正式调查—结果处理所具备的特点和目的,有针对性地开展调查。具体内容见表 4－1 所示。

表 4－1　徐汇滨江开放空间居民使用情况问卷调查方案

调查内容	目　　的	方　　式
问卷初步设计	判断徐汇滨江开放空间使用者的游憩需求是否得到了合理满足	调查使用者可达方式、时间的满意程度;活动设施、管理现状满意程度;以及通过在该空间的活动,是否得到了身心健康、人际交往、生活满意度等方面的提升,并获得生活品质的提高,通过数据统计和分析,得出结论
专家访谈	明确问题制定、数据分析方法的合理性	针对问卷问题进行专家访谈,详细探讨问题设置的合理性,获取修改建议
问卷试调查	摆脱设计者思维局限,增加问题和答案的针对性和效度	在与规划师、本专业学生、管理者和居民等不同人群的问卷调查中,注重对被访谈方对问题、答案设置的理解,就问题进行深入讨论,记录评价
问卷修改	针对上述阶段记录的问题进行修改	
问卷调查	开展正式问卷调查	制定工作组调研进度和工作计划,拟定统计结果汇总提纲,分配任务,实施问卷调查
结果处理	问卷结果统计分析	相关统计软件进行结果汇总、分析

B）问卷设计

问卷设计包含初步设计、专家访谈后修改、试调查各阶段。

C）正式问卷调查安排及完成情况

正式问卷调查进程开展时间为 2012 年 10 月,共有 10 名调查成员,分为 5 个调查小组开展调查。以现场发放现场回收为主要方式,配合与被调查者的访谈,以增加对问题理解的效度。共发放问卷 234 份,回收 220 份,其中有效问卷 213 份。

2）网络评价解析

借助该空间一期建成后大众点评网①空间使用者的匿名评论资源,采取分析评价记录的方式,将评论语言进行抽取和解析。为该空间如何满足居民的游憩需求提供了第一手资料。

3）分时段现场调查

鉴于该空间周末使用者较多的现状,问卷发放以周末/工作日为 1/2 的比例进行发放;并选择了工作日 7:00—9:00,17:00—20:00;周末 11:30 以后,使用人数较多的时段进行发放。

2. 案例空间对居民游憩活动需求的满足

（1）可达性供给和居民使用情况

1）空间可达性供给

依据 google 测距工具,结合路况分析和实地踏勘情况,将调研区域步行和自行车行可达服务范围、公交车最佳服务范围和花费时间、自驾车最佳服务范围和花费时间进行了测算。

2）居民使用"交通便捷度"问卷统计结果

根据问卷调查统计结果,用 Spss Statistics 软件中的"交叉表"功能分别对不同抵达方式和居民选择的交通便捷度进行了相关性分析,将分析结果以统计图形式表达(图 4-3)。结果显示,与 3.2.1 节中,"20 min"为上海市居民有效开放空间与居住地之间的"最受欢迎距离"相符,在以散步、跑步、骑自行车和滑板/滚轴为主要抵达方式的居民中,选择在 20 min 内抵达的居民,多认为抵达该空间"很方便"和"方便",与该空间对现有周边居住区的服务密切相关。在以公共

---

① 大众点评网于 2003 年 4 月成立于上海,是中国领先的本地生活消费平台,同时也是全球最早建立的独立第三方消费点评网站,主要为用户提供各种生活信息服务,目前分支机构遍布中国各大主要城市。

交通、自驾车、乘出租车为主要抵达方式的居民中,选择在 30 min 内抵达的居民,多认为抵达该空间"很方便"和"方便",与目前该空间与相邻区交通贯通度高相关。

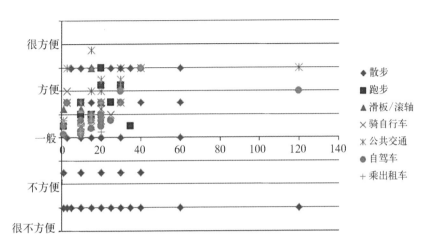

图 4-3 徐汇滨江开放空间抵达方式和居民抵达便捷度评价

此外,在选择以其他方式出行的居民中,凡认为抵达该空间便捷的,大多集中在 30 min 可达时间范围内。与目前该空间公共交通站点布点密集程度不高、直达道路部分未完工等因素相关,这些因素影响了该空间的可达性供给效度。使 30 min 以上时间的可达性和居民抵达需求匹配程度受到限制。随着周边业态的完善和公共交通效能的提升,将提高该公共空间的可达性服务效能。

(2)设施、空间满足相应活动类型需求

"上海 CORNICHE"规划理念,体现了满足居民游憩需求,建设人文生活社区的前瞻性。徐汇滨江开放空间建成空间通过提供高品质的游憩设施,吸引居民开展散步、观景、跑步、攀岩及球类运动等多样化的游憩活动,完成了文化教育、体育、居住和生态建设等核心功能,体现空间的人性化。空间通过不同年龄段服务对象的游憩活动类型特征,提供了相应的游憩设施、空间和管理措施,以提高空间的游憩服务效能。

与上海现有综合公园、主题公园等提供的设施和空间相比,徐汇滨江开放空间以满足不同年龄阶层人群的游憩活动、体验需求为特色导向,利用现有场地资源和工业遗产,提供了跑步道、滑板场、攀岩、篮球场等颇具特色,能满足儿童、青少年游憩需求的设施。并配合各类活动的人群特点,提供配套支持设施。例如,针对亲子活动，为与儿童同行的年青父母提供了休息、并能同时观看儿童活动的座凳设施和观看场地(图4-4,图4-5)。

图4-4 徐汇滨江开放空间儿童活动场地区的家长和观看者活动　　图4-5 徐汇滨江开放空间儿童活动场地区的家长休息区

1) 游憩设施、支持设施和活动类型、服务人群的匹配性

表4-2 徐汇滨江开放空间游憩设施与活动类型对照表

游憩设施类型 (Recreation Facility)	配套设施 (Support Facility)	主要活动类型	服务人群
散步道 跑步道 旧有铁轨	路灯/标识	散步/跑步/遛狗	全年龄段
座椅 阶梯 天然石头 连廊 咖啡座	路灯	聊天/野餐/野营	全年龄段
草地	路灯	聊天/野餐/野营/放风筝/瑜伽/普拉提等垫上运动	全年龄段
观景平台 亲水廊道	路灯　安全标识	散步/聊天	全年龄段

续　表

游憩设施类型 （Recreation Facility）	配套设施 （Support Facility）	主要活动类型	服务人群
跑步道	路灯	跑步/散步	中青年
硬质场地	音乐播放器　路灯	跳舞/唱歌/大型活动/ 放风筝/球类/滑冰	全年龄段
骑车道	自行车租赁系统	骑 车/滑 冰/滚 轴/ 滑板	中青年 儿童
篮球架	路灯	篮球/临时足球/排球	中青年 儿童
攀岩游戏地	辅助设施　安全标识 观众台/座	攀岩	青少年 儿童
滑板池 U 型滑冰场	路灯/草地	滑板/儿童小车	青少年 儿童
	停车场	停车	全年龄段
	便利店	餐饮	全年龄段

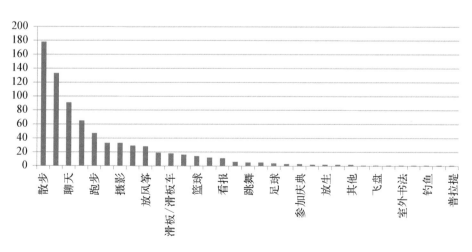

图 4-6　徐汇滨江开放空间游憩活动类型

根据问卷调查统计的结果,来徐汇滨江开放空间开展游憩活动的类型更多地补充了上海已有公园青少年游憩设施类型的缺乏,产生了更多类型的活动,并引导开展了更多主动活动,例如,攀岩、小车、球类及捕捉昆虫活动等(图4-6,图4-7,图4-8)。

图4-7 徐汇滨江开放空间
儿童攀岩活动和设施

图4-8 徐汇滨江开放空间儿童
滑板、轮滑活动和设施

(来源:周思瑜 摄)

该空间中产生的活动与设施设置时所设定和引导的活动基本相符。由于徐汇滨江水体、自然植被、工业遗迹资源丰富,还可激发和产生新的游憩活动类型,例如捉昆虫、Cosplay、婚纱摄影等,激发了该空间的活力,营造了人文氛围(图4-9,图4-10,图4-11,图4-12)。

图4-9 徐汇滨江开放空间中
的 Cosplay 活动

(来源:周思瑜 摄)

图4-10 徐汇滨江开放空间中的
拍婚纱照人群

图 4 - 11　徐汇滨江开放空间
中的捉昆虫活动
（来源：周思瑜　摄）

图 4 - 12　徐汇滨江开放空间
中的遛狗活动
（来源：大众点评网　汶获　摄）

从问卷中吸引的人群年龄配比和对空间使用的观察来看,吸引的人群年龄结构现有综合性公园丰富,对居民游憩活动的类型满足更全面。

从供给角度解析,该空间对居民游憩活动,特别是游憩活动类型的满足程度高。问卷调查结果也显示,使用者对此空间的游憩设施满意度高(表 4 - 3,图 4 - 13)。充分体现了该空间对居民游憩活动的尊重和满足。

2）使用者对游憩活动设施的满意度

表 4 - 3　徐汇滨江开放空间使用者对活动设施满意程度

	频率	百分比	有效百分比	累积百分比
很不满意	2	.9	.9	.9
不满意	8	3.8	3.8	4.7
一般	55	25.8	25.8	30.5
满意	127	59.6	59.6	90.1
很满意	21	9.9	9.9	100.0
合计	213	100.0	100.0	

（3）管理措施满足使用需求

根据上海调查中,对上海居民游憩需求中关于"对现有开放空间使用的建议"调查结论,得出上海居民对现有开放空间管理措施方面的需求程度从高到

对活动设施满意程度

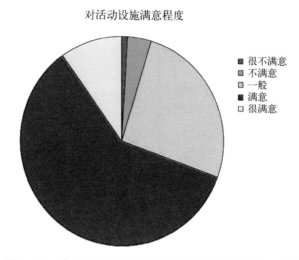

- ■ 很不满意
- ▨ 不满意
- □ 一般
- ■ 满意
- □ 很满意

图 4‑13　徐汇滨江开放空间游憩活动设施满意度调查结果

低,依次主要体现在:增加设施维护卫生管理、增加植被(景观)、增加活动设施和被动设施(桌椅、亭阁等)、提高安全性、增加现有的公园设施、增加活动项目或者节庆活动、更多线形设施(跑步道/骑车道等)及控制狗等宠物的行为等方面。由于上海公园大多限于6:00—18:00(夏季多延长至5:00—20:00)开放,开放时间也成了居民对开放空间管理的重要需求因素。

据对徐汇滨江开放空间保安、环卫人员以及现场调研,将该空间现有管理要素与居民需要进行了比对,并依照问卷中显示的受访者满意程度,对管理措施供需匹配程度进行了评判(表4‑4)。结果显示,在开放时间、设施维护、卫生、安全保障、停车管理及使用者行为等基本游憩活动保障方面,管理措施使用者满意度高,其供需匹配程度高。在以餐饮为代表的配套设施支撑、活动策划等配套管理措施薄弱,使用者满意度不高,大多由于周边业态处于发展初期,配套设施建设、活动策划受到局限引发。随着周边地区的文化产业的综合发展和空间人气的提升,将有较大改善。

表 4‑4　徐汇滨江开放空间管理措施满意度调查结果

管理要素	使用者需求	现有管理供给	匹配程度判断	问卷显示的满意程度(%)
开放时间	全天开放	全天开放	高	98.6
设施维护	经常维护	经常维护	高	83.1

管理要素	使用者需求	现有管理供给	匹配程度判断	问卷显示的满意程度（%）
卫生	经常清扫	经常清扫	高	89.7
安全	无危险 人身安全 设施使用安全	有保安巡逻	高	92
活动策划组织/辅导	有组织的活动	大型庆典活动 群众自发组织	低	45.5
停车管理	停车便捷安全低价	停车场开放	中	61
配套服务设施管理	更多便民设施	全家便利店 意大利餐厅 厕所	低	33.8
使用者行为	杜绝不文明行为 文明宠物管理	使用守则标识 安全提示标识 遛狗提示标识	中	64.8

3. 案例空间对居民游憩体验需求的满足

依照以上理论分析,游憩体验需求可主要分为个人生理型、个人心理型、知识技能型、回归自然型、人际交往型、自我实现型[190]和创新型七大类,和二十个分项(表 4-5)。

通过分析徐汇滨江开放空间中环境、空间、景观和活动等要素供给,结合使用者的使用评价,本书解析了这些游憩体验供给是否满足了使用者不同层面和特色的游憩体验需求。此外,尝试通过分析徐汇滨江代表性工业遗迹所传递的地缘文化信息,以及居民使用后对此空间文化的理解和接受程度,初步解析此空间文化是如何通过使用者的游憩体验以及游憩需求的满足得到传达和接受的。

(1)游憩体验供给

根据现场调研结果,可初步分析徐汇滨江开放空间对使用者不同游憩体验类型的供给。均可通过一定的体验空间、活动、事件体现得到相应的体现。具体内容见下表 4-5 所示。

表4-5　徐汇滨江开放空间游憩体验供给

游憩体验大类	游憩体验中类	传递媒介（活动、物质等要素）	拟代表性体验空间事件等
个人生理型	保健型	健身器材　场地	跑步道
	发泄型	器材　旷野地　冒险类项目	空旷江面 摇滚音乐现场
	平衡型	登高廊架　竞技类项目	篮球架　难度攀岩
个人心理型	逃离型	宁静　自然要素显著空间	荒野感　废弃铁道
	调整型	用于缓解（工作）压力的运动和空间	骑车　草地
	目标型	散心　转移注意力的空间	画展　大型活动
	情绪型	平静/松弛　自然要素	蓝天　阳光
知识技能型	知识型	学习历史/文化/认识自然现象的场地/事件	老码头历史标志性构筑物　展馆
	技能型	学习某种运动技能的设施和空间	滑板场地　滑冰课程
	灵感型	找寻灵感的场所	动漫梦工厂（拟建） 户外美术馆（拟建）
回归自然型	感受风景型	赏景　自然美景	赏花等
	接触自然型	融入自然的自然要素	新鲜空气　自然现象（雨雪）
人际交往型	情感型	发展友谊的团队活动	足球
	关系型	广交朋友的活动	交谊舞
	交往型	公共场合的自我表现	唱歌
自我实现型	发现自我价值	引发自省的事件/场地	日出　音乐会
	成就感	行为/成果受到认可的活动	摄影展
激发创新型	人生感悟	激发新认识的事件/场所	对场地使用的感受 他人的行为和感受
	新思维	现有场地使用的优势和不足	场所使用中的现象
	新需求	本体认识范围之外的事件/活动	场所中人的活动

（2）游憩体验的满足

根据大众点评网 145 封对该空间的匿名评论，通过解析游憩体验满足程度的相关语句，可判断出使用者对该空间游憩体验供给的满意程度，并分析其在何种程度上得到游憩体验需求的满足。表 4-6 通过使用者的真实体会反映出，除知识技能型、自我实现型、激发创新型的部分分项之外，在不同游憩体验类型上，均得到一定程度的满足。大部分未满足的内容和分项，与空间建成时间较短，使用者局限，对空间评论的样本局限有一定关系。也可成为该空间规划提升的新发展方向。

图 4-14　徐汇滨江开放空间亲水平台

（来源：马修文　摄）

图 4-15　徐汇滨江开放空间夜景

（来源：马修文　摄）

（3）空间文化体验和信息传达

徐汇滨江开放空间中著名的工业遗迹包括：上海铁路南浦站、北票煤码头、龙华机场、上海水泥厂以及宏文造纸厂。其中，矗立着代表滨江百年传统工业的"南浦站货运仓库""北票码头塔吊"和"煤炭传输带""水泥厂预均库"等历史遗存十分醒目[191]。规划通过木条铺成的亲水步道、立体交通体系，以及休闲广场、樱花、桃花、玉兰、香樟及红枫等几百种树木花草，针对遗迹的合理使用和功能转化，通过不同的体验方式，传达该空间的文化信息[192]。

表 4-7 拟通过使用者在使用空间的过程中，对该空间特征，特别是工业遗迹和空间文化的感知，解析了传递媒介的作用。结果显示，以工业以及为核心的信息传达最易被捕捉，也起到了传递文化信息的作用。但遗迹文化体验中捕捉信息的程度普遍不高，与体验者游览动机与标识系统不完善有关。

表4-6 徐汇滨江开放空间使用者游憩体验的满足

游憩体验主类型	游憩体验分类型	体验满足程度			代表性语录
		强	中	弱	
个人生理型	保健型	●			"偶然的我去了，于是便迷恋上那里，每天晚上去运动锻炼。"——ID:玖玖小少谷 评分:5星 "这里有各种的运动设施适合各喜欢各种运动的人，跑步、单车、攀岩、滑轮、篮球……这里也是爱拍照的人的宝地，不少人来这里拍写真。"——ID:毛大熊 评分:4星 "它除有'健身跑道'外，还有'篮球''攀岩'和'划板'等区域，也有溜旱冰、划板、打篮球、跑步等。晚上，进入滨江大道的有观景的，也有跳舞、唱歌和唱戏的。但更多的则是健身走。——ID:哈哈讲讲 评分:3星
	发泄型				
	平衡型	●			"最近挺常去的，只要是没下雨，基本上吃过饭后都会到这里来溜溜溜顿时觉得凉快许多，这六月的天气，还真是够热的。也就习惯饭后散步了，第一个想到的就是来这里溜狗，而且还可以溜狗。很有趣，很舒心!"——ID:绵羊180码 评分:4星
个人心理型	逃离型	●			"在忙忙碌碌的上海城市中，快节奏生活下也有那么点点的惬意。"——ID:天锁无月 评分:4星 "虽然水不是湛蓝的，但对生活在钢筋水泥里的我们来说，已经足够了。"——ID:吃最幸福 评分:4星 "你可以一边聆听着江水的拍打，看着彩虹桥的五颜六色，欣赏着黄浦江畔的美景，微风吹来，一天的疲劳抛到了九霄云外，顿时觉的神清气爽。"——ID:ch1958 评分:5星
	调整型	●			"这边的环境真的是让人很喜欢的，来这边散步也是蛮舒服的事情。"——ID:小小的天使之城 评分:4星 这里的空气也不错，心情不好时，来这里静一静是个不错的选择。——ID:sheisa12 评分:4星

续 表

游憩体验主类型	游憩体验分类型	体验满足程度			代 表 性 语 录
		强	中	弱	
个人心理型	目标型	●			"散步的绝佳场所，尤其是炎炎夏日，幽幽的路灯，漫步在江边，吹吹江风，分外惬意～"——ID: soy_mirror 评分: 3星 "那里有很多跳舞和跳操的人，这也是一个中老年人丰富业余生活的地方。"——ID: 神滴孩子 评分: 4星 "一处不为较多人知道的婚纱外景地选择之一，上次去时正逢雨天，背景倒也富于浪漫，冒着小雨缓步轻行，拍出的照片还真不错，可以去尝试。"——ID: kukin 评分: 3星
	情绪型	●			"我家里住在大木桥路，离这里非常近，以前根本没想到我家这里会造出那么漂亮的滨江，有时候空闲我就会来这里逛逛，心情不错。"——ID: xy81 评分: 5星 "看着夜景，呼吸着江风。心情都是舒畅的。"——ID: 这家的小宝宝 评分: 5星 "规划以后到徐汇滨江大道，诗情画意。江面微风吹过，静静地聆听着涛涛轻轻拍打着岸边，夜幕降临时分，滨江大道华灯初放，此情此景，使人心情愉悦。"——上海春晓 评分: 5星 "沿江走一圈心情不知不觉就好了起来"——ID: millia123 评分: 4星
知识技能型	知识型			●	
	技能型			●	
	灵感型			●	

续表

游憩体验主类型	游憩体验分类型	体验满足程度			代表性语录
		强	中	弱	
回归自然型	感受风景型	●			"晚上去的时候风景格外好，吹吹江边的风，看看卢浦大桥，还有周围新造的建筑也很相衬的感觉。很多居民晚上会过来散步，遛狗，气氛很融洽。"——ID：帅的来想自杀 评分：5星 "一个完美的地方，特别是在夏天，微弱的灯光，太阳从高高的，日落，正严的，漂亮的建筑，桥梁慢慢褪色。"——ID：超级新人 评分：4星 "尤其是夏天，晚饭后来散步，那徐徐的江风拂面吹过，聆听着波涛轻轻拍打着岸边，这就是所谓的诗情画意吗？"——ID：markfirst 评分：4星 "而且这里的夜晚更好看，这里晚上的灯光的朦胧超有感觉，建筑的风格都是很现代很前卫的，来这里沿江跑步超舒服"——ID：Bandito 评分：4星
	接触自然型	●			没想到还有这么个好去处，走走逛逛，感受一下黄浦江上的风和两岸的美景。——ID：爱心毛毛虫 评分：5星
人际交往型	情感型	●			"最好是自己骑车去那边去散步，平时无聊、或郁闷的时候都会来这边散步。吹风看着江面上的水，被风吹拂着很多，不会很闷了，最好的是两个人来这边散步感觉特别的浪漫。——一种心情——ID：贪吃小机丹 评分：4星 "偶尔会让 LG 陪我到这个地方走走。……我喜欢 LG 牵着我走，想想多年后的我们是否也是'执子之手'般带着我到这个地方来散步。"——ID：mei2mei 评分：4星
	关系型	●			"无聊的时候可以和家人散散步。"——ID：小小蝴蝶 评分：4星 "一直在找可以遛狗的地方，终于找到好地方，这里真的风景好空气好，很多人都来遛狗，认识很多新朋友，离家里也不是太远，走十几分钟就到了，以后每天都会去啦～"——ID：朱庭

续　表

游憩体验主类型	游憩体验分类型	体验满足程度			代　表　性　语　录
		强	中	弱	
人际交往型	交往型	●			"环境很好，人也很多的，下午有很多人遛狗，交流养狗的心得技巧，聊聊狗的品种。"——ID：manyumeil 评分：4 星 "有些时候会和几个朋友在这附近遛狗吹风聊聊天"——ID：爱小丸子 评分：4 星 "以前单位就在附近，所以经常下了班约了要好的朋友去散步放松。"——ID：gracedoll 评分：5 星
自我实现型	发现自我价值			●	
	成就感			●	
激发创新型	感悟		●		"水岸拍波，微风拂面，这样站着的时候似乎有一种天然的超脱之感，有时会置疑人为的景色，可偶尔又真的会因为这人为而感动。因为这是人为的眼睛什么样的心灵来发现这不存在的景致，创意不过是脑海瞬间的游移，可风景却可以永恒的存在于众人眼里，设计原来是个非常伟大的工作。"——ID：成长 r 烦恼 评分：4 星
	新思维			●	
	新需求			●	

表 4 - 7　徐汇滨江开放空间使用者文化体验信息的感知

文化遗迹	信息传达媒介(转变成为的设施、标识系统、活动等)	普遍接受层面(代表性语言和行为)	体验信息感知程度		
			弱	中	强
36 号机库	以拆落架建于龙耀路楔形绿地内,改建为综合服务中心			●	
南浦站、北票码头的煤炭传送平台、仓库	利用原有结构改建为游客服务设施	"人还很少,有旧式火车,码头吊机等。听说原来这里是江南造船厂。" ——ID：老街白咖啡　评分：4 星			●
煤炭传输带	改建为高架观景步道——海上廊桥	"周边商业、饭馆太少,但是一些工业遗迹还是不错的。"——ID：宽带山土匪			●
北票码头塔吊	塔吊广场群 多个节点公园	"徐汇滨江里的很多建筑都是老厂房改建的,你可以看到码头上的塔吊,船务,还有仿造旧时的火车站,车站边上有一台真的旧机车,真是别有一番风味。"——ID：蓝鸟 698　评分：4 星			●
	例如： 攀岩场地　篮球架体育公园等				
海事瞭望塔	外装饰功能;拟在原有瞭望功能基础上增加景观游览功能	"有废弃的江边大矛,和船厂的架构留在那里,重新供游人游览,很前卫且时尚,没有收费,很亲民的所在。"——ID：葱葱的玛米　评分：5 星		●	
丰溪路水泥厂	预均化库将建成穹顶剧场或服务设施;水泥厂经理办公楼研究成熟后采取保护措施	"规划馆,火车头,航车,船锚墩子,各种工业痕迹明显。"——ID：夜@优　评分：5 星	●		
北票码头(丰溪路与瑞宁路交界处)	保护性开发,枫树为主要植被(呼应枫林路)	"这里有既怀旧又新鲜的游览方式。"——访谈对象	●		
18 线车库			●		
南浦车站月台及铁轨	金晖南浦花园;南浦站火车花园规划展览馆	"原来我们在这个厂子里工作,今天我们来是找以前的感觉的。"——访谈对象夫妇			●
8145 火车头和车厢					●
自备码头	树阵广场			●	
桃花	"龙华桃花",再现清末民国沪上踏青胜景		●		

4.1.2　徐汇滨江开放空间对居民生活品质的提升

1. 大于 94% 的考核项提升值超过 3.0

文中采用的衡量居民生活品质提升作用的分项标准的选取,主要参照欧洲生命质量项目研究组(European Quality of Life Project Group)EurQol 以及 Sf-36 量表标准中的相关衡量分项,结合试调查中居民对问题的理解和修改建议,进行调整。最终选择 17 个分项对居民生活品质进行考量。集中通过包括身心健康、人际交往、对环境/自身的满意程度在内的几组问题,作为居民生活品质是否得到提升的衡量依据。

问卷调查以"通过在此处的活动,您是否有以下改变?"为主题问题,针对使用者对 17 个与游憩需求密切相关的,衡量生活品质得到改善的分项的评价,衡量徐汇滨江开放空间对提升居民生活品质的作用。调查结论体现了使用者对空间使用之后,对生活品质的改善。主要反映在身心健康、人际交往、价值观提升、生活满意度等方面。以 Spss Statistics 软件生成的"频率"描述统计报告为基础,通过报告中由低到高五个不同提升程度的百分比选项,反映相应徐汇滨江开放空间对使用者生活质量的提升程度。将"一点没有"、"没有"、"没感觉""有"、"很大改善",五个提升程度分别与数值 1—5 对应,并与相应百分比选项求积,换算为每项自身感受提升的数值(简称"提升值"),以直观反映开放空间中的活动对使用者生活品质提升的程度(表 4-8)。由于 2.5 是 1 至 5 分值的平均数,将 2.5 为"是否得到提升"的标准数值,作为使用者生活品质是否得到提升的判定标准值。结果显示:16 个考核项的提升值均高于 3,表明对居民生活品质的提升较大。

表 4-8　徐汇滨江开放空间对居民生活品质的提升值

自　身　感　受	一点没有	没有	没感觉	有	很大改善	提升值
A1 身体健康状况是否提升?	1.4%	5.2%	33.8%	55.4%	3.8%	3.538
A2 您患疾病的概率是否降低?	1.9%	7.0%	53.5%	31.5%	5.2%	3.284
A3 若患病,有否好转?	0.9%	6.2%	59.2%	28.4%	5.2%	3.305
A4 对身体健康满意度程度是否提高?	1.4%	1.9%	27.2%	63.4%	5.6%	3.684

自　身　感　受	一点没有	没有	没感觉	有	很大改善	提升值
A5 精神压力/焦虑情绪是否得到缓解？	1.4%	0.9%	13.1%	71.4%	11.7%	3.866
A6 生活愉快、心情舒畅的天数是否增加？	0	1.9%	16.0%	69.5%	12.2%	3.908
B1 和家人、邻里的关系是否更加和谐？	0	4.7%	33.8%	54.5%	5.6%	3.568
B2 对所居住小区其他居民的熟悉程度是否增加？	2.3%	7.5%	16.0%	23.9%	0.9%	1.654
B3 在除工作以外的人际交往频率是否提高？	1.4%	7.1%	39.8%	45.0%	6.6%	3.48
C1 对周边事物和社会的了解渠道是否得到拓展？	1.9%	5.2%	33.3%	54.8%	4.8%	3.554
C2 对周边环境熟悉程度是否得到提升？	1.9%	5.7%	15.1%	74.5%	2.8%	3.706
C3 对所居住地满意度程度是否提升？	1.9%	6.6%	17.0%	66.0%	8.5%	3.726
C4 是否更愿意参与运动？	0.5%	2.8%	20.2%	69.5%	6.6%	3.777
C5 对总体生活满意度程度是否提高？	0.5%	1.4%	23.1%	68.9%	6.1%	3.787
D1 是否更愿意成为志愿者，参与社区公益活动？	3.7%	8.4%	14.0%	71.0%	2.8%	3.605
D2 是否得到了更多的创作灵感/人生感悟的提升？	0	6.6%	35.1%	51.2%	7.1%	3.588
D3 是否对健康、生活品质有了新的认识和理解？	0.5%	3.3%	27.7%	61.5%	5.6%	3.642

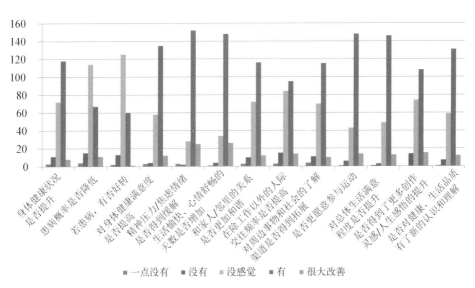

图 4‐16　徐汇滨江开放空间对居民生活品质提升的专项回答统计 1

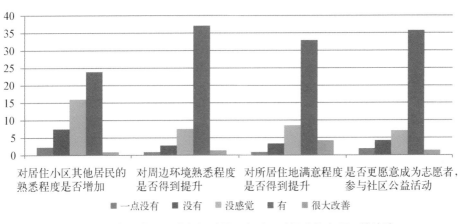

图 4‐17　徐汇滨江开放空间对居民生活品质提升的专项回答统计 2

2. 精神压力与焦虑情绪得到缓解的提升程度最高

在考核项中,对使用者心理健康、情绪调节方面的提升程度最大。例如,高达 81.7% 的使用者认为通过在此空间中的活动,"生活愉快,心情舒畅的天数增加了";其中,认为有"很大改善"的使用者达 12.2%,"有"改善的使用者高达69.5%,高达 83.1% 的使用者认为"精神压力/焦虑情绪得到缓解"(图 4‐18)。此外,通过在此空间中开展游憩活动,对生活满意度提升程度较高,其中,77.3%的使用者认为"对周边环境熟悉程度得到提升";75% 的使用者认为"总体生活满意程度提高"；74.5％使用者"对所居住地满意度程度得到提高"。提升程度相对较低的是身体健康状况，其中，36.7％使用者认为"患疾病的概率降低？"和33.6％使用者认为"若患病，有好转"。

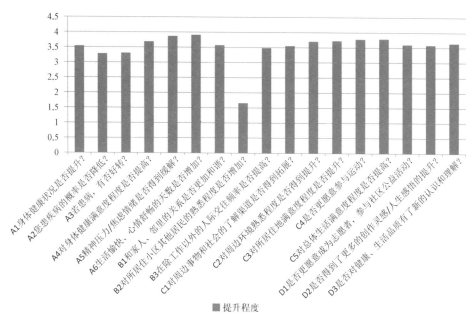

■ 提升程度

图 4-18　徐汇滨江开放空间对居民生活品质的提升值统计

4.2　"多维度"模式的苏家屯路案例验证

4.2.1　苏家屯路通过"多维度"模式对居民日常游憩偏好的满足

1. 空间概况与调查设计

（1）规划定位和建设概况

苏家屯路（阜新路-锦西路）位于上海市杨浦区四平街道，按道路级别属于城市支路。西北面接阜新路，东南面抵锦西路，在阜新路附近与抚顺路垂直相接。

苏家屯路横贯鞍山四村，全长 395 m，由于鞍山四村中居住密度高，路面损害严重，不利于居民出行。2003 年交通部门、市政部门、环卫、景观部门、规划部门、管理部门以及街道权益人代表共同决策，重新整治了这条路，补种行道树，加强绿化、增设庭院灯、行道灯和座椅等，打造了一条集休闲、健身、观景于一体的景观路。2005 年该路被评为上海市"十大景观道路"之一[193]；2007 年鞍山四村旧住房改造项目获中国人居环境范例奖。2012 年[194] 9 月 4 日,苏家屯路(锦西路至阜新路段)和抚顺路(苏家屯路至铁岭路段)被列入"2012 年上海市林荫道公示道路"名单。苏家屯路作为社区特色开放空间,是居民们清晨、饭后锻炼和散步的首选之地。承载着居民日常户外生活内容,并满足了居民的游憩需求,这里还是社区每年民俗文化节的举办地。

(2) 调查设计

调查主要从两个方面展开:一、游憩设施、支持设施和空间调查。主要通过规划相关资料获取和现场踏勘方式,对苏家屯路的游憩设施、支持设施、空间及景观要素类型等进行调查和统计。特针对工作日和周末的居民活动特点,分时段统计游憩活动人数和类型,尝试将居民日常生活和苏家屯路空间的相应关系具体化,也将此空间对居民日常游憩需求的供给具体化,从而明确游憩需求是通过何类设施和空间得到满足的。二、问卷调查。通过发放问卷,分析问卷结果,尝试通过可达方式、时间、游憩频率、游憩活动类型及设施满意度、以及通过在该空间中的游憩活动,对居民身心健康、生活满意度、居民交往及社区和谐度提升的影响。

(3) 问卷调查

1) 问卷调查方案

依据问卷调查不同阶段的问卷初步设计—专家访谈—试调查—问卷修改—正式调查—结果处理所具备的特点和目的,有针对性地开展调查。具体内容与徐汇滨江开放空间问卷调查流程相似,不再赘述:

2) 问卷设计

包含初步设计、专家访谈后修改、试调查各阶段。

3) 正式问卷调查安排及完成情况

正式问卷调查进程开展时间为 2012 年 10 月,共有 49 名调查成员,分为 10 个调查小组开展调查。以现场发放现场回收为主要方式,配合与被调查者的访谈,以增加对问题理解的效度。共发放问卷 200 份,回收 199 份,其中,有效问卷 196 份。选择 10 月 14 日—21 日一周之内气温和天气状况均适宜出行的相似外界环境条件下展开调查,以避免与居民空间使用偏好之外的因素对研究结果产生影响。各小组成员以分时段现场踏勘、使用者和管理者访谈以及观察、记录、追踪为主要调查方式,重点围绕社区日常开放空间供给和居民日常生活行为、游憩行为需求的关系。各小组提交的调查报告,作为苏家屯路案例实证研究的主要基础数据支撑和分析依据。

(4) 分时段现场调查

鉴于该空间使用者较为固定,多为周边居民,为避免问卷发放重复。应采用蹲点观察和问卷调查相结合的方式,分时段发放。

2. 空间多维模式在居民对社区不同空间类型使用中的体现

苏家屯路位于鞍山四村内部,属于社区级别的最基层的开放空间类型,其主要服务对象为附近居民,具备在 10 min 之内可步行抵达的特质。能较好地满足周边出行能力较弱的老人和儿童的使用需求(表 4-9)。

表 4-9　苏家屯路抵达服务供给和居民步行抵达需求

空间服务范围供给			抵达空间需求			供需匹配程度
拟服务居住区	步行离家时间(分钟)	抵达便捷	居民来源	步行抵达时间(分钟)	抵达是否便捷	
鞍山四村	5—10	不需过马路	鞍山四村	10	是	高
			鞍山三村	小于 10	需过马路	中
			鞍山五村	小于 10	需过马路	中
			同济绿园	小于 10	需过马路	中

在"您是否来自鞍山四村?"问题答案统计中,有 62.2% 的居民选择了"是"。此外,在选择"否"的居民中,来自杨浦区其他街道的占 47.7%,附近街道和社区的占 40.1%。图中,对问卷中空间使用者来源人数、空间分布的表达,也说明了使用该空间的居民多集中在鞍山四村或附近社区,例如,鞍山三村、五村、同济绿苑等。与该空间的步行可达供给范围特质相匹配。

(1) 空间多维模式分项 1:空间替换的体现

鞍山新村具备社区应有的各类功能空间(表 4-10),如功能空间商业(餐饮、超市、小店)、居住、交通(车站)、文化(学校、社区活动中心)等(图 4-19)。以苏家屯路为代表的开放空间,多体现社区的游憩功能,也是居民社区交往的主要空间类型。

表 4-10　鞍山新村社区基本功能空间和居民
日常生活内容

基　本　功　能	空　间　类　型
就　餐	餐饮店
购　物	超市/小店
文化娱乐	报刊亭/棋牌室/社区中心

续　表

基 本 功 能	空 间 类 型
交　　通	交通站点
上　　学	中小学
游　　憩	中心绿地 阜新路/苏家屯路/鞍山路

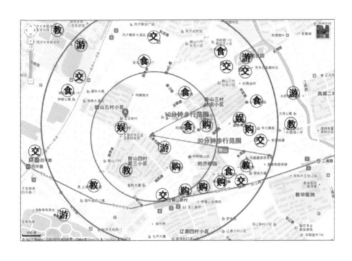

图 4-19　鞍山新村片区社区生活功能供给

　　苏家屯路道路宽 11.2～12.2 m，其中车道 6.2 m，在改造前仅具备单一的交通功能，但经过改造后，体现出了多种空间类型的功能。体现出了空间多维度中的空间替换特征，并可同时供给多种不同类型的游憩活动。改造后现状的车道宽约为 5.8 m，两侧各设 2.5 m 的步行道和 4～4.5 m 的开放空间，在街道两旁种植悬铃木，株距为 6～6.5 m。开放空间中包含的主要游憩设施和空间有：小广场、塑胶健身广场、建设器械、钟楼、廊架、卵石小道和塑胶健身道；设施之间、设施与建筑之间种植植被。由于将街道上小区出入口均设置为步行出入口，并梳理了周边街道交通以缓解苏家屯路的机动车交通量[195]。苏家屯路机动车通行量得到控制，营造出较好的户外活动氛围。

　　据问卷调查统计，在苏家屯路中开展的活动类型有：散步、呼吸新鲜空气、器械锻炼、聊天、放松、散心、跑步、欣赏景色、会朋友/熟人、带小孩、静坐、遛狗、做操及打牌等(图4-20)。1002调查大组报告中对设施与游憩活动的相应关系(即在什么样的空间和设施中,易产生什么样的活动)总结出了一定规律(表4-11)。例如,有健身设施的地方——器械锻炼与聊天、交友;树荫下的座椅——放松与聊天、交友、欣赏景色,放松与看报,放松与听广播、欣赏景色,带小孩与聊天、交友;有桌凳的地方——打牌、聊天、交友;林荫人行道——跑步与呼吸新鲜空气,散步与呼吸新鲜空气、聊天、欣赏景色。

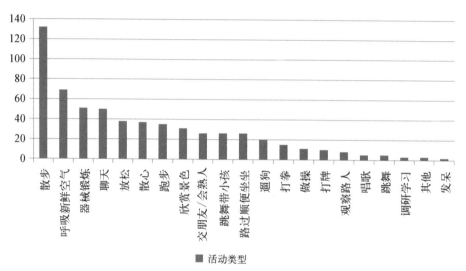

图4-20 苏家屯路居民游憩活动类型

表4-11 多维开放空间供给和游憩活动类型
匹配关系(来源:1002调查组调研报告)

多维开放空间供给			游憩活动类型需求			供需匹配程度
活动设施类型	支持设施类型	景观要素类型	游憩活动类型	所需配套设施类型	所需空间环境特征类型	
椅	亭	植被	下棋	遮蔽物	树荫	高
开放场地	硬质地面	硬地植被	跳舞、打拳、健身、交谈、娱乐	硬地遮蔽物	开敞场地、树荫	中
座椅	长椅、亭、平台、路边花坛	植被	休息、聊天、坐、躺、	座椅遮蔽物	树荫	高

续　表

多维开放空间供给			游憩活动类型需求			供需匹配程度
健身器材	小场地	周边活动植被	健身锻炼	遮蔽物安全的开阔场地	场地、树荫开阔	高
石桌凳	小场地	植被	下棋、打牌	遮蔽物	场地、树荫	中
步行道	与马路有一定距离的空间	植被、活动	散步、遛狗	遮蔽物	树荫	高

（2）空间多维模式分项 2：游憩活动组合基础上的城市开放空间配置特征的体现

由于苏家屯路具备线性空间的特征，且兼具社区生活功能，使空间类型十分丰富，创造了行为、视线上的联通，为游憩活动之间关系的建立奠定了基础，也激发了不少连锁、观赏活动关系的发生（图 4-21，图 4-23），促进了新活动的产生和居民的交往。据调查小组报告分析，提炼出该空间中产生的典型四类连锁关系：亲子活动与散步；遛狗、散步与聊天；锻炼、散步、休息与聊天、棋牌类活动与聊天等（表 4-12）。观赏关系为：下棋与观棋，运动与观赏（图 4-22）。代表性游憩活动关系如下：

表 4-12　苏家屯路开放空间中的主要游憩活动
关系（来源：1002 第 8 组调研报告）

	跑步	舞剑	跳舞	上下班	上下学	读报	下棋	观棋	闲聊	晒太阳	打牌	散步	遛狗
跑 步		W	W	C	C	N	N	N	R	W	N	C	C
舞 剑			C	N	N	N	N	N	W	W	N	W	W
跳 舞				N	N	C	N	N	W	W	N	W	W
上下班					C	N	N	N	N	N	N	C	N
上下学						N	N	N	N	N	N	C	N
读 报							N	R	R	R	N	R	N

续　表

	跑步	舞剑	跳舞	上下班	上下学	读报	下棋	观棋	闲聊	晒太阳	打牌	散步	遛狗
下　棋								R	C	N	N	R	N
观　棋									R	R	N	R	N
闲　聊										R	R	R	R
晒太阳											R	R	N
打　牌												N	N
散　步													C
遛　狗													

C——冲突关系　　R——连锁关系　　W——观赏关系　　N——相互无关

典型的游憩活动模式可概括为：

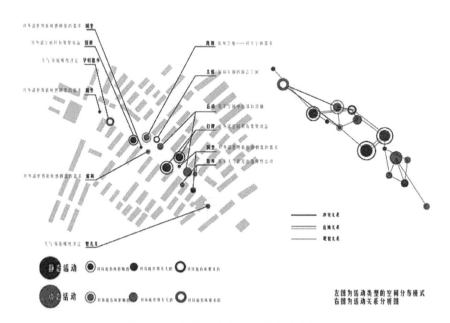

图 4-21　苏家屯路代表性游憩活动关系

（来源：1002 第 8 组调研报告）

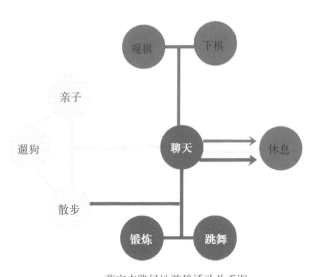

苏家屯路绿地游憩活动关系图

图 4‑22　苏家屯路小广场中的代表性游憩活动关系

（来源：1002 第 8 组调研报告）

图 4‑23　苏家屯路观看与棋牌、运动活动

3. 时间多维模式在居民不同时段对社区空间使用中的体现

据调查小组对工作日和周末 5:00—23:00 不同代表时段使用人数、活动类型的统计（表 4‑13，表 4‑14），可得出不同年龄段人群对该空间使用时段的偏好，证实了社区开放空间与居民日常生活的相关性。

苏家屯路功能的变化以车行道功能与跑步道功能的转化为主。在工作日 5:00—7:00 时段，车辆通行较少，车行道可作为跑步道使用，使用人群多为中青年上班族，活动的主要类型为跑步。工作日 21:00—23:00 时段跑步人群居多，使用者也多为中青年。这两个时段同时也是上班族在日常生活中，最可能外出进行游憩活动的时段,体现出该空间与居民日常生活的关联。由于苏家屯路车行道在早晚时段,车辆较少的时段,可供跑步使用,具备分时段使用的特征。

7:00—17:00 时段的使用人群多为老年群体,与其居家生活,休闲时间增多,且有很多自由支配的时间相关。活动类型也都以具备老年活动特征的散步、器械锻炼、聊天、下棋、做操等为主。

由于样本数的缺乏,学龄前儿童和少年在不同时段中对空间的使用,未显示出明显的规律。学龄前儿童除 5:00—7:00 之外的时段内,多与大人陪伴,同时在空间中活动。

在苏家屯路中不同时段空间,不同年龄人群的数量,开展的活动显现出的规律,与3.3.1中的时间多维模式相符。(图 4-24,图 4-25)

表 4-13　工作日 5:00—23:00 苏家屯路各类人群的活动人数
及活动类型统计(来源:1001 和 1002 调查组)

时　段	学龄前儿童	少年	中青年	老年人	活　动　类　型
5:00—7:00	0	0	33	18	骑车　跑步　走路　唱歌　坐
7:00—9:00	4	1	9	15	上学路上　遛狗　散步　上班经过　步行跑步跳舞　散步　买菜路过　打拳送孩子上学　座椅休息　活动筋骨　器械运动
9:00—11:00	2	1	7	72	散步　休息　交谈　下棋　打牌　锻炼　遛狗　育婴　发呆
11:00—13:00	4	3	52	66	路过　休息　下棋　观棋　义务测血压　散步　聊天　遛狗　亲子　清洁
13:00—15:00	3	0	34	65	行走　闲坐　玩手机　遛狗　带孩子站　吃东西　锻炼打牌　聊天　读书　骑自行车
15:00—17:00	2	3	11	53	打牌　散步　闲坐　遛狗　跳舞　骑车运动
17:00—19:00	3	5	54	34	散步　聊天　器械锻炼　跑步　做操　遛狗锻炼
19:00—21:00	1	3	36	53	路过　散步　休息　聊天　锻炼　遛狗
21:00—23:00	1	2	66	21	遛狗　散步　器械锻炼　跑步　聊天　散心　带小孩　观察路人　调研学习　路过　顺便坐坐　放松　夜宵　交换财物

表 4‒14　周末 5:00—23:00 苏家屯路各类人群的活动人数
及活动类型统计(来源:1001 和 1002 调查组)

时　段	学龄前儿童	少年	中青年	老年人	活　动　类　型
5:00—7:00	1	0	73	14	路过　锻炼　吃饭　跑步　自行车　打扫　散步
7:00—9:00	1	0	24	84	打拳　打羽毛球　打牌　聊天　器材　下棋　跑步　步行　遛狗　闲坐
9:00—11:00	3	2	10	101	散步　锻炼　下棋　打牌　聊天　遛狗　育婴
11:00—13:00	0	1	35	33	路过　打牌　锻炼　休息
13:00—15:00	3	0	31	76	行走　骑车　打牌　坐　聊天　锻炼　站
15:00—17:00	5	7	12	55	散步　静坐　打牌　遛狗　运动　骑车
17:00—19:00	1	6	55	67	蹲跳　散步　遛狗　玩耍　敲背　聊天　快步走　休息　发呆
19:00—21:00	6	4	23	75	路过散步休息　交谈　锻炼　遛狗　打牌　观看
21:00—23:00	0	2	47	2	散步　遛狗　聊天　踢球　器械运动　路过　跑步　夜宵(路口)　骑自行车

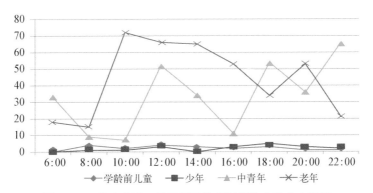

图 4‒24　苏家屯路工作日居民使用时间和人数分布规律

4. 时空多维模式在居民日常生活空间使用连续性中的体现

(1) 时空多维模式分项 1:"昼夜半圈"雏形的体现

苏家屯路空间、设施的关联性、多样性和开敞性,激发了在不同时间段内的游憩活动的发生(图 4‒26),引导使用者在同一空间中停留时间的延长,从而得

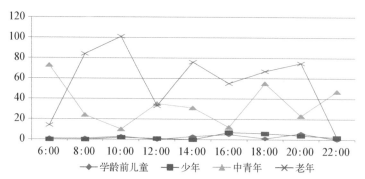

图 4 - 25　苏家屯路周末居民使用时间和人数分布规律

到更多丰富的活动体验和机会。也是"昼夜半圈"雏形的体现。例如,步行道贯穿整个空间,其间有塑胶健身道、小广场、座椅和健身器械,均设置有便捷从步行道进入的出入口,为在此类空间中游憩活动的连续开展提供了可能。以一居民下班后,在苏家屯路上的日常行为为例。在该类空间中,使用者使用步行道串联日常生活中的必需活动,例如,下午:上下班、买菜等,路过空间,散步回家。傍晚:饭后,上下班时其对空间的感知,激发其外出游憩的愿望。夜间:外出跑步,跑步后进行闲坐,与附近居民聊天,开展器械锻炼等一系列活动。

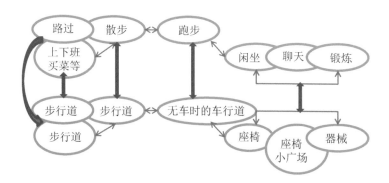

图 4 - 26　苏家屯路游憩活动的分时段开展

(来源:1002 第 6 组报告基础上改绘)

(2) 时空多维模式分项 2:共用模式的体现

与居民生活路径相契合,鞍山新村中的基本功能空间形成了相互联系的空间特性(如图 4 - 27,图 4 - 28,图 4 - 29)。通过街道间或人行道、社区各部分以开放空间或绿色通道形式存在的连接通道衔接,将游憩、商业、文化服务等功能可以很好连接起来。通过统一行道树的交通通道,逐步形成了一个社区范围的步行道系统;也通过这些空间网络与居民生活方式关联性的结合,试图创造更多

的交往机会,把社区居民联系在一起(图 4 - 30)。开放的,与外围街道相衔接的
小径系统,也满足了包括步行、骑车和老年人和残疾人的需求。此外,此步行和
自行车行系统也为上学和上下班提供了服务。

　　通过苏家屯路、阜新路、鞍山路,加强了各功能空间的联系,将游憩功能通过
空间联通特性融入居民的日常生活,且贴合居民的日常生活常态(表 4 - 15)。

表 4 - 15　苏家屯路居民空间使用之间的关系(来源:1001 第 4 组调研报告)

空 间 类 型	餐饮店	超市/小店	社区中心	交通站点	中小学	中心绿地	阜新路/苏家屯路/鞍山路
餐饮店	R	R	R	R	R	S	R
超市/小店	R	R	R	R	R	S	R
社区中心	R	R	S	S	R	R	R
交通站点	R	R	R	R	R	S	R
中小学	R	R	S	S	R	S	R
中心绿地	S	S	S	S	S	R	R
阜新路/苏家屯路/鞍山路	R	R	S	R	R	R	R

R——相关联　　　S——不相关联

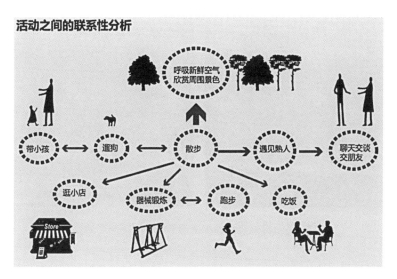

图 4 - 27　苏家屯路居民游憩活动之间的关系

(来源:1001 第 4 组调研报告)

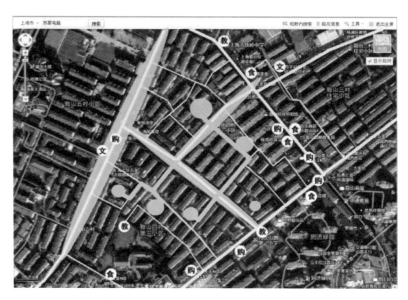

图 4-28 鞍山新村片区开放空间连通性和功能串联性

图 4-29 苏家屯路开放空间和中心绿地的连通性

(来源：1002 第 10 组调研报告)

图 4 - 30　苏家屯路居民游憩活动及其关联性

　　根据问卷调查结果,可验证空间关联性是符合居民日常生活对各功能空间使用的连接性的,甚至促进了游憩活动的开展。对问题:"您在从家至苏家屯路的往返路途中,是否会去进行其他日常活动?"的回答中,有 71.6% 的居民明确选择了会去从事其他活动,其中,7.2% 的居民选择了"用餐"、22.4% 选择"逛小店"、4.6% 选择"喝茶"、10.7% 选择"办理日常事情"、26.7% 选择"其他"。表明游憩活动已通过空间形态的联系,融入居民日常生活轨迹中。在选择"小区内休闲的地点"时,除 55.1% 选择"苏家屯路",12.8% 选择"小区中心绿地",6.6% 选择"报刊亭"外,其他居民均选择了使用多个空间的组合(图 4 - 31),同时体现了

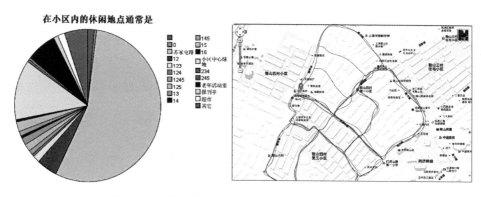

图4-31　苏家屯路使用者对开放空间使用的连续性

开放空间关联性形态是符合居民使用需要的。

根据居民抽样访谈,追踪调查,获取鞍山四村不同区位居民的代表性户外生活轨迹(图4-31),也与开放空间关联性网络形态匹配,同时体现了鞍山四村社区开放空间功能与社区基本功能关联的合理性。

在空间设施配置中,也满足了居民连锁活动,以及交往的空间要求。据1002第6组分别对中年夫妻、年青人和老人三个典型使用人群案例对苏家屯路的使用过程进行的记录,且提炼出的连锁活动的模式,可验证该空间的线性多功能步道设置,串联多类设施、场地的空间形态,与居民的连锁游憩活动匹配。

三个典型使用者的空间使用记录如图4-32—图4-34、表4-16所示。

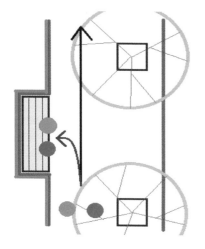

图4-32　苏家屯路中年夫妻连锁活动示意

（来源：1002第6组报告）

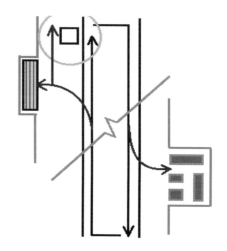

图4-33　苏家屯路年青人连锁活动示意

（来源：1002第6组报告）

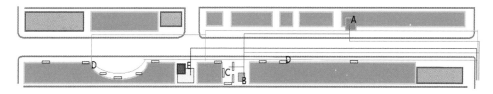

图 4-34　苏家屯路老年人连锁活动示意

(来源：1002 第 6 组报告)

表 4-16　苏家屯路典型使用者的空间使用记录(来源：作者依据 1002 第 6 组报告)

人群类型	主　要　活　动	相应空间序列
中年夫妻	散步→顺便遛狗→一边散步一边聊天（或者一边做拉伸动作）→若在路上碰到熟人，便打招呼，停留片刻	人行步道→座椅→小广场
青年跑步者	跑步→慢走→坐→健身器械锻炼	21 至 23 点间通行的汽车较少的车行道→人行道→座椅→健身器械
老年人	骑自行车→器械健身→下棋/看报/聊天→菜场→散步→伸展运动→聊天→会朋友→压腿	阜新路→苏家屯路→健身器材 A→小广场 B→座椅 C→菜场→步行道→钟楼

4.2.2　苏家屯路对居民生活品质的提升

1. 考核项的提升值均超过 3.0

苏家屯路采用徐汇滨江开放空间"提升值"计算方法，将 17 个分选项表达的对居民生活品质的提升程度量化（表 4-17）。结果显示：所有的考核项提升值均超过 3，说明对居民生活质量的提升较大。

表 4-17　苏家屯路对居民生活品质的提升值

自　身　感　受	一点没有	没有	没感觉	有	很大改善	提升值
A1 身体健康状况是否提升？	1.5%	5.1%	20.4%	61.2%	11.7%	3.762
A2 您患疾病的概率是否降低？	1.0%	5.6%	36.2%	48.5%	8.7%	3.583
A3 若患病，有否好转？	2.6%	6.1%	36.2%	45.9%	5.6%	3.35

续　表

自　身　感　受	一点没有	没有	没感觉	有	很大改善	提升值
A4 对身体健康满意度程度是否提高？	0.5%	4.6%	18.4%	64.8%	11.2%	3.801
A5 精神压力/焦虑情绪是否得到缓解？	0.5%	5.1%	13.3%	69.4%	10.7%	3.817
A6 生活愉快、心情舒畅的天数是否增加？	1.0%	3.6%	12.8%	70.9%	11.7%	3.887
B1 和家人、邻里的关系是否更加和谐？	0.5%	5.6%	32.7%	52.6%	8.2%	3.612
B2 对所居住小区其他居民的熟悉程度是否增加？	1.5%	14.3%	21.9%	52.6%	9.7%	3.547
B3 在除工作以外的人际交往频率是否提高？	2.0%	18.9%	22.4%	49.0%	7.7%	3.415
C1 对周边事物和社会的了解渠道是否得到拓展？	2.0%	15.3%	28.6%	46.9%	7.1%	3.415
C2 对周边环境熟悉程度是否得到提升？	1.0%	6.7%	15.5%	66.5%	10.3%	3.784
C3 对所居住地满意度程度是否提升？	1.5%	7.7%	25.1%	56.9%	8.7%	3.633
C4 是否更愿意参与运动？	2.1%	11.9%	14.4%	59.8%	11.9%	3.678
C5 对总体生活满意度程度是否提高？	1.0%	8.2%	19.9%	63.3%	7.7%	3.688
D1 是否更愿意成为志愿者，参与社区公益活动？	3.1%	21.5%	27.2%	42.6%	5.6%	3.261
D2 是否得到了更多的创作灵感/人生感悟的提升？	3.1%	25.5%	34.2%	35.7%	1.5%	3.07
D3 是否对健康、生活品质有了新的认识和理解？	1.5%	8.2%	29.1%	57.1%	4.1%	3.541

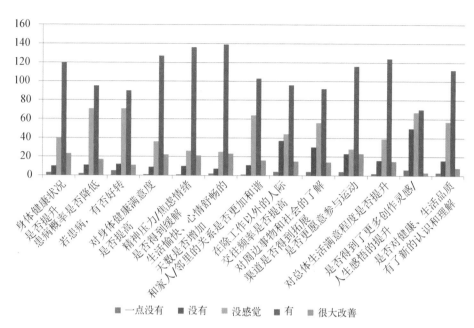

图4-35　苏家屯路对居民生活品质提升的专项回答统计1

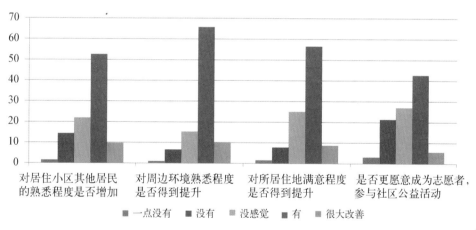

图4-36　苏家屯路对居民生活品质提升的专项回答统计2

2."生活愉快、心情舒畅的天数"增加程度最高

苏家屯路对使用者生活品质17分项考评项均有了不同程度的提升(图4-35,图4-36),其中,对使用者心理健康、情绪调节方面的提升程度最大。其中,高达80.1％的使用者认为"精神压力/焦虑情绪得到缓解",82.6％的使用者认为"生活愉快、心情舒畅的天数"增加了;高达76％的使用者认为通过在此空

间中的活动，"身体健康满意度程度"提高了；其中，认为有"很大改善"的使用者达 11.2％，"有"改善的使用者高达 64.8％。其次，通过在此空间中开展游憩活动，对生活满意度提升程度较高，其中，76.8％的使用者认为"对周边环境熟悉程度得到了提升"，64.6％的使用者认为"对所居住地满意度程度得到了提升"，71％的使用者认为"对总体生活满意度程度得到提高"。对"得到更多的创作灵感/人生感悟的提升""若患病，有否好转？""在除工作以外的人际交往频率是否提高"等方面的提升程度较低。

本 章 小 结

在徐汇滨江开放空间实证研究中，本章将使用者游憩活动和体验的需求，与该空间设施类型、数量、景观要素等空间供给进行供需匹配度分析。然后通过问卷访谈中使用反馈满意度评价，证实了该空间的游憩供需匹配度较高。并通过问卷结果证明，在使用该空间后，使用者生活品质得到了提升。验证了：满足居民游憩需求的开放空间可提升使用者的生活品质。

苏家屯路实证研究中，本章除进行供需匹配度分析之外，还通过居民日常行为的访谈、观察和分析，发掘了该空间的"多维度"空间特点，能激发和改善更多良性游憩活动行为的发生。通过问卷调查同样得出了该空间使用者的生活品质得到了提升的结论。验证了：满足居民游憩需求的开放空间可提升使用者生活品质；满足"多维度"开放空间模式特点的空间可激发游憩活动的产生。

第**5**章

中国城市开放空间规划导则与应用技术研究

5.1 中国城市开放空间规划推进顶层设计构想

中国推进城市开放空间系统规划理想化的"顶层设计"包括政府机构体系、公益组织体系、政策法规体系三部分。以市级机构的职能为核心,分为游憩项目、规划、机构和相关产业协调三个部分。游憩项目部与基层公益团体、民间机构统筹结合起来,能更有效地调查居民游憩需求,进行项目策划、制定管理措施和相关服务。制定合理的规划依据,整合相关产业,促进游憩产业可持续发展(图5-1)。

图中所示为推行城市开放空间规划的理想保障体系,但由于发展阶段所限,依据中国体制、游憩产业发展现状,应分阶段、分重点地结合国情,根据不同地域的特点,作一系列的调整。具体分析如下。

5.1.1 机构、政策、法令、行业标准保障与社会团体协作

1. 相关机构职能建议

在市级设置职能机构层面,调查群众游憩需求、现有空间、设施使用情况,作出空间、设施使用评价和需求预测;将城市开放空间的规划管理、游憩项目的策划、管理、服务以及上下游产业关联起来,是保证城市开放空间规划发挥效能的关键。部门设置名称,如"游憩和城市开放空间管理处"等,可依据中国机构设置的具体情况而定,考虑以绿化局、体育局为主要依托单位。在与现有部门结构融合方面,可考虑设置为市规划和国土资源管理局,或者旅游局的分支机构;或借

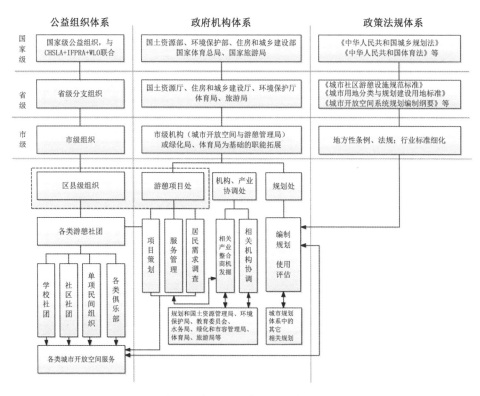

图 5-1 中国开放空间系统规划保障体系顶层设计

鉴美国市游憩和公园部的经验，以游憩产业、居民游憩需求的调查、反馈为依托，成立独立部门。机构规模、职能侧重、级别，应依据各市、各地区的居民需求、经济发展状况而定。机构主要职能是作为牵头单位，制定"城市开放空间规划"，在空间使用和活动策划、实施中，与相关部门相协调，确保空间使用和各项活动合理开展。

  城市开放空间市级职能机构的上级依托单位，在国家层面上，主要有国土资源部、环境保护部、住房和城乡建设部、国家体育总局和国家旅游局。在省级层面上，以江苏省为例，主要有国土资源厅、住房和城乡建设厅、环境保护厅、体育局和旅游局①。市级相关机构涉及方面各有侧重，以上海为例，由于城市开放空间系统类型涵盖面广，涉及空间规划、管理和使用的部门很多，例如，市规划和国土资源管理局、市环境保护局、市教育委员会（校园）、市城乡建设和交通委员会

---

① 依据江苏省政府部门机构设置（http://www.jiangsu.gov.cn/）总结。

(非机动车道,部分非典型城市特色区)、市水务局(市海洋局)(滨水区)、市绿化和市容管理局(公园、广场、街道)、市住房保障和房屋管理局(社区公园、庭院空间等)及市交通运输和港口管理局(非机动车道、广场)。在游憩活动项目策划、实施、服务和管理上,主要涉及部门有:市文化广播影视管理局(文化、节庆事件策划)、市体育局(群众体育项目组织、管理、服务、户外体育设施管理)以及市旅游局(节庆活动策划)等①。

在市级职能机构的协调下,有效梳理和安置区级、街道、社区等基层服务单位、公益团体,是城市开放空间系统规划顺利实施的保障。大力发展民间组织、活动团队、居委会、工会、运动俱乐部和体育总会等机构的作用,形成以社区为中心,游憩俱乐部、社团为主体的有机管理组织结构。

在机构职能的定位方面,可通过对其他国家的实践经验开展研究,作为"他山之石",取其精华,去其糟粕,为我国此类机构的设定提供思路。例如,美国城市公园和游憩部②担负着执行国家法案、满足相关非营利机构诉求、权衡当地私人产业和公益事业利益、满足当地居民的游憩需求和提升生活品质的诸多职责。城市 DPR 作为整个居民游憩需求保障系统中的重要环节,发挥着关键的作用。使至今全美 70% 的居民拥有了户外游憩空间[196],是开展、实施开放空间规划、管理城市开放空间、组织游憩活动供给和实施游憩活动计划的主要职能部门。

2. 政策、法令、行业标准保障

在我国《中华人民共和国城乡规划法》中至今仍未具体涉及体现确保公民游憩需求的相关规划内容。在《城市社区体育设施建设用地指标》《城市用地分类与规划建设用地标准》《城市公共设施规划规范》等国家标准中,对满足居民游憩需求,特别是考虑城市开放空间的游憩功能,游憩设施、开放空间规划设计的相关标准,至今仍处于起步阶段。期待在当前城市规划向公共政策管理转变的过程中,能通过法令、政策、规划标准等体现,尊重每个城市居民的游憩需求。

---

① 依据上海市政府部门机构设置(http://www.shanghai.gov.cn/shanghai/node2314/index.html)总结。

② 美国各城市部门名称略有不同,大多称为: Parks and Recreation Department,例如: City of New York Parks and Recreation,http://www.nycgovparks.org/,简称 PRD。详见方家,吴承照,美国城市公园与游憩部的地位和职能,中国园林,2012(2): 114‑116.

3. 社会团体与国际组织的接轨

我国中国风景园林学会①，已成为国际风景园林师学术团体成员；中国公园协会②已正式加入国际公园与康乐设施协会；世界休闲组织成立了中国分会③，为城市开放空间系统规划奠定了良好的国际学术、实践平台。但相关社会团体和国际组织中，对游憩理论，主要是城市居民需求和空间关系关注有局限，对如何将居民游憩需求与城市建设结合探讨较少，特别是基于中国居民的游憩行为、方式，以及相应的城市开放空间规划方面，亟待研究，并进行该领域的拓展。

4. 公益机构、上下游产业扶持和基金保障

我国相关的公益组织发展较少，且多需要政府扶持，未形成推动相关产业引导大众开展游憩活动的生力军。此外，虽然"全民健身运动"开展了多年，"金牌大国和国民体质"[197]关系的探讨也在逐步升温。但是，由于20世纪以来，以奥林匹克为核心的竞技体育日渐主导体育运动的发展趋势，使其日趋呈现不可撼动的主体地位，群众体育的数量规模发展较慢。虽然我国存在很多群众自发的民间运动团体和协会，但由于缺乏全社会的关注、足够的政府支持、配套服务、资金、管理及人员组织等问题，难以开展稳定的活动、人员培训、会议交流等，也难以形成规模较大的非营利性组织。

相比而言，西方国家以及部分亚太国家和地区，均有发展较好的公益机构和组织，为保障本国居民游憩需求做出了很大的贡献。可见，全社会的认同和公益组织的大力发展，是保障城市居民游憩需求、开展城市开放空间系统规划的社会环境基础、资金来源以及促进上下游产业发展的"催化剂"。公益机构的发展是城市开放空间规划推进过程中不可或缺的环节。

5.1.2　将城市开放空间规划纳入城市规划体系

1. 循序渐进地改良

我国规划类型众多，相互关系复杂，其中，国民经济与社会发展规划、主

---

①　Chinese Society of Landscape Architecture，CHSLA，2005年12月正式加入国际风景园林师联合会（International Federation of Landscape Architects，IFLA）。

②　Chinese Assotiation of Parks，是我国发展园林绿化事业的重要社会力量，现有4个专业委员会，共有会员单位500余家。1995年正式加入国际公园与康乐设施协会（International Federation of Parks and Recreation Administration，IFPRA）。

③　世界休闲组织（World Leisure Org.）成立于1952年，又称世界休闲与娱乐协会（World Leisure and Recreation Association），简称为"世界休闲"。2008年4月6日，在北京成立中国分会，由187个有志于促进中国休闲产业发展的机构、企业和个人组成的非营利的民间组织组成。

体功能区域规划、土地利用总体规划和城乡规划(简称"四规")是目前我国城市在社会经济发展、资源有效保护等方面起主导作用的四种规划类型[198]。

随着城市生活品质要求的提升和"人性化"城市空间规划建设浪潮的到来,可考虑将城市开放空间规划分阶段逐步纳入城市规划体系,把城市绿地系统规划纳入到城市开放空间规划中,成为其重要组成部分。当前,可循序渐进地将从居民游憩需求角度出发的城市开放空间规划方法融入绿地系统规划中,特别是公园绿地系统的规划设计中,拓展空间类型,完善规划程序、方法、指标,提升城市生活品质和城市空间的人文价值。以公园绿地系统规划为主体,整合校园设施开放管理、滨水区规划、步行道规划设计及户外体育设施规划等。经过规划实践、经验积累、学术研究的完善,与法定规划相对接,落实城市开放空间规划的贯彻和实施的途径。在具体的衔接途径方面,最终将有作为城市总体规划的一个专项规划和子规划的可能,接受"四规"的指导和约束。

2. 主要障碍和发展要点

(1) "民心"和"明星"

由于我国各城市经济基础不同,发展转型处于不同阶段,全民游憩意识仍需提升,正确的游憩观需得到时代的认同,大众的日常游憩习惯需要逐步培养。此外,游憩产业处于起步阶段,居民日常游憩服务的产业刚刚兴起,从发展大环境上看,规划相关产业、服务都处于起步阶段,需要政策的导向和扶持。游憩作为城市必备的功能之一,未提升到与居住、交通、工作一致的重视水平上,对居民游憩需求的调查仍未引起足够的重视。不论从空间对象,还是游憩需求调查上,相关部门未达成普遍的共识,造成了成立直接职能机构的主要障碍。此外,从理论研究、案例实践上,仍缺乏一定的积累,存在盲目引入和使用国外案例、标准的现象,特别缺乏本土理论的研究和实践。

理论研究先行和"空想"之间的差距在于与实际体制、社会发展、人民需求是否能切实结合。城市开放空间规划强调从城市居民游憩需求出发,注重对居民生活和民意的调查;但将调查结果转化为空间建设成果,需要在操作层面经历各方利益的博弈过程,是一个工作量较大、而在短期内难以见到"面上成果"的工程。在高速城市化、建设周期和"任期""看得到"的政绩要求驱使下,这种成果"不斐"的"民心"和百姓"生活"建设工程,显然不如"茅台瓶"装"马爹利"的"明星"城市成果来得卓越。谁来评判规划质量和政绩，以多少年为评判规划是否适宜的期限，这些问题将需要长时间的鉴别和探讨。

（2）发展立足中国国情的城市开放空间规划

从社会整体层面分析，全社会的关注、休闲意识的提升、联动机制的形成，是规划开展和实施的前提及保障。从政府层面来看，规划政策出台、公众参与机制推进、相关机构设置、城市开放空间规划设计技术标准及城市开放空间系统规划纳入法定规划程序，是重要基础。就学科建设而言，加快、加深本土研究、建立试点和实践基地、培养专业人才，"使游憩思想同理论、同生态思维、审美思维一样，形成风景园林师的游憩思维，拓展风景园林学科视野与基础，为实现为生活而设计的理想奠定根本基础，积极推进城市开放空间系统规划研究与实践"是规划可持续发展的根本。从学术研究和实践来说，本土城市开放空间理论和规划方法论，是研究的重点。

方法论上，应该注重规划方法、标准的深入细化；应用技术的推广和软件平台的构筑；从城市居民的游憩需求出发，围绕供需关系，力求制定符合当地特征和居民使用偏好、愿景的规划，从一定程度上避免供需关系的脱节。使用系统规划法、GRASP法，立足居民游憩需求调查、规划制定、相关规划项目配送和供给以及实施效果反馈的综合流程。探求如何使公众资源、空间资源、社会资源合理配置，使居民需求能最终通过空间设施供给、游憩活动项目组织、管理，达到满足。服务水平法（LOS），通过不同类型服务设施能提供的服务效能、居民游憩活动频率、开放空间面的量化，有针对性地制定适合不同地区、人口特征的规划量化指标，使空间服务效能更贴近当地居民的游憩需求。复合价值法（GRASP），建立 GIS 数据库，强调在对现有资源和设施条件、特别是其实际服务效能进行调查、统计的基础上，进行规划，使各类资源能"物尽其用"。立足于我国城市开放空间的发展现状，透视西方国家的城市开放空间系统规划经验和案例实践，望通过对这些方法的解析、推敲、研讨在中国高密度和快速发展的城市中，如何结合我国国情，尊重地方特征，将规划方法"本土化"。具体运用到需求调查、公众参与、设施供给类型、供需数量平衡和 GIS 应用和管理等方面，对城市开放空间系统规划的制定和在全国的推广有系统性的借鉴作用。

5.2　中国城市开放空间规划导则

5.2.1　规划二原则、五阶段、八步骤

1. 规划二原则

（1）保护、继承与"开放空间优先"

编制城市开放空间规划首先要建立在对区域生态环境评估的基础上,充分认识市域范围内与其周边生态资源状况,尊重与周边区域的协调、共同发展关系。例如,在城市所在的沿海平原,山麓丘陵,或洪泛区分析主要水域、山脉等,对城市发展有什么影响? 描述周边重要自然资源与城市的关系,以及如何作用于城市未来发展等,分析生态敏感区,划分应严格保护的开放空间区域。在"开放空间优先"的原则下,尽可能保留有重要发展战略价值的自然资源系统(如1883 年明尼阿波利斯的公园系统、波士顿地区"翡翠项链"等),为城市发展建立健康的发展空间构架。

以自然为基础的城市开放空间系统应该考虑原有生态基质和游憩活动对其产生的影响。首先应对拟开发的地域进行承载力评估,对于生态环境脆弱的地区,以及对城市发展的生态"命源",应以生态保育为出发点,从生态保护的角度进行城市开放空间的规划,不宜开展游憩使用。对于生态承载力弱的地区,可分散开发,减轻环境压力,并适度保护;对于生态承载力强的地区,在控制好游客容量的前提下可集中开发。对新城和新区中的城市开放空间的选址和开发,应充分尊重原有生态环境,并适时做好监控,以免游憩活动带来的造成环境破坏。对旧城改造中的城市开放空间建设,应充分考证已有环境的文脉,充分尊重原有地块的"原真性",起到梳理、改善环境的作用。同时,尽量保留原有品质高的环境自然风貌,或者可以通过改造,提升、带动所在区块环境品质的地域(例如"棕地"改造等)。

（2）因地制宜,以民为本

在开展规划之前,应充分分析每个城市的社会、经济、文化背景。例如,城市发展对开放空间和游憩需求有什么影响和作用,通过 SWOT 分析,得出制定开放空间规划可能会带来哪些发展机会和负面作用,要从发展的角度明确游憩发展的一般规律与特殊规律。经济发展是城市游憩发展的动力基础,开放空间是城市游憩发展的重要物质基础,城市文化、社会发展与城市游憩发展相互制约相

互促进,城市规模不同、性质不同、文化背景不同,开放空间规划也不同,工商业城市、政治中心城市、小城镇等由于其经济发展水平不同,文化交流不同,市民游憩需求不同,表现出每个城市的开放空间类型、数量、结构和管理特点均有不同和特色。明确这一点,就可以避免盲目模仿、引进、套用统一模式,而是因地制宜确定个性化的、为每个城市"量身定制"的开放空间规划。

每个城市的居民游憩需求是该城市开放空间规划制定的根本,充分理解、尊重大众户外生活,发掘其特点和内在规律性,满足不同地域城市中不同居民的游憩需求,遵循城市居民行为习惯和规律,制定可以充分满足其生活诉求的规划,是能使城市开放空间充分"人性化""个性化"的依据。依据地域城市居民生活特点、各年龄人群活动特色制定的规划,重点应满足中低层收入群体的生活需要,为他们的日常生活提供生活保障、提供丰富的游憩机会,以及使用便捷、免费、健康和宜人的开放空间,以提升其生活品质和健康状况。城市开放空间的精神内核,就是作为城市生活反映的普通民众的户外生活,开展的是通俗、日常、最普通的"必要"(need)游憩活动。因此,对城市居民生活空间的研究是城市开放空间系统规划理论的根基,主要分游憩需求、游憩供给、游憩供需关系三部分。游憩需求研究包括游憩需求的定性和定量调查与分析方法论,游憩作为生活"必需"的人性成长价值与社会价值论证;供给包括宏观、中观、微观层面的空间结构布局理论,发展理论,以及项目配给理论(项目策划、配送、实施、管理、评价与反馈);游憩供需关系在城市范围内,主要体现在游憩"转译"理论中,包括游憩行为特征、规律模式,活动-场所关系,以及游憩需求的空间量化方法。

A. 布局公平与均衡

城市开放空间规划布局方式不同,文中研讨的 Uranus 理想模式仅是基于城市居民游憩活动特色的一类模式的体现。此外,开放空间布局方式受区域自然资源、城市发展、市场经济和政府调控等多方面因素的影响。受市场经济、自然环境和城市发展的影响,往往会促成倾斜布局,政府调控应以大多数城市居民的利益出发,尽可能使其呈均衡布局,与居住区发展相匹配,根据居民生活圈、步行圈和已有服务效能未覆盖到的地方进行补充,强调对公共交通、步行、自行车行便利的区域开展规划。

B. 与社区生活空间匹配

邻里和社区公园、广场主要用于就近居民日常游憩活动,大型区级和市级城市开放空间用于满足全市居民节假日游憩需求。因此,从城市开放空间功能和分布来看,应满足与各区人口特征匹配和全市结合成网络的原则。各区人口年龄、教育程度、收入水平等特征都会直接影响相关城市开放空间的类型和数量。因此,要满足各区居民的游憩需求,必须将城市开放空间的规划和建设与人口特征匹配。全市的城市开放空间系统网络的联通取决于交通条件,对于普通市民出行而言,主要取决于步行、自行车道联通和公共交通便捷,仅有交通通路、规划图案形式上的联通,满足了私家车出行和图面效果,但并不能形成城市开放空间系统网络结构,不利于市民的游憩选择。

C. 注重民意与实效

城市开放空间的类型、区位、数量应根据发展区步行范围内的居民人口构成特点以及居民要求决定,并提供相应的公众参与规划渠道,以及公众反馈建议方式,充分尊重各地区不同生活背景下民众的游憩习惯和需求,以不断提高民众满意度为最终目的。注重居民对城市开放空间使用的感受和实际效果,"由下至上",而并非以"权力美学"为导向的"自上而下"的行为。最终以该城市居民对此规划评价,以及开放空间使用的"人气",来评判规划和设计的实际成效。

2. 规划五阶段

规划进程分五个阶段,分别为:第一阶段——现状资源评价和需求调查;第二阶段——制定规划;第三阶段——审批和调整;第四阶段——工作内容公布、评估和反馈;第五阶段——实施规划。前三个阶段相互衔接,在各阶段实施过程中,有时间和内容上的交互;第四阶段贯穿整个规划进程的始末,即在各阶段均向公众、公益团体和社会各界公布,接受监督(图 5 - 2),并与第五阶段有机结合,可在实施过程中及时吸纳和反馈规划建议,使规划内容贴合实际。

第一阶段——现状资源评价和需求调查。主要包括两部分——对区域范围内的自然资源和生态基础进行分析;对可用于规划的现存及潜在资源、相关统计数据的采集;用定性和定量相结合的方法,调查、分析当地居民的游憩需求。

第二阶段——制定规划。主要包括将居民需求具体化,落实在空间、数量、结构及管理建议等方面,汇集成调查报告或文本;制定综合规划和配套服务、供给计划;进行规划优先级决策。

第三、四、五阶段——审批和调整。由主要负责制定本市开放空间规划的部门,经与相关单位协调后,报市政府及上级相关部门审批,并结合管理部门和公众的意见进行修改。一旦规划审批通过,最终版本应提交给最高审批机构、所有涉及部门及社区机构,并在相关高校、公共图书馆存档,在当地政府网站上公布。

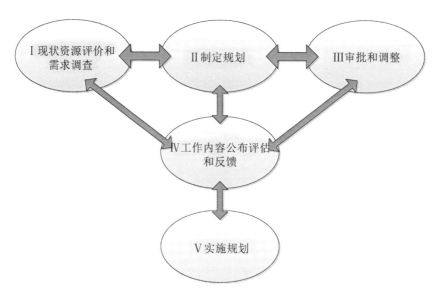

图 5-2　中国城市开放空间规划进程阶段示意图

在公众监督和相关部门协调的基础上实施规划。采集公众对开放空间使用效果的反馈和改进提议。

在规划制定的每个阶段中,上阶段内容均可参照下阶段内容进行调整,在下阶段中出现需要资料补充,或对前一阶段的结论产生疑问时,可返回上一阶段进行补充规划。应体现动态性和客观性,为解决传统"一竿子插到底"进程中实际操作中可能出现的问题提供了渠道。在制定规划的总体过程中,凡涉及发展项目、确定目标等决定性项目时,均需公开相关内容,并召开公众参与会议,征求社会各界的意见。此规划可在不断增加和改进资料的基础上,持续更新"工作内容公布、评估和反馈",并配合最后规划的实施,还能使规划实施后的使用评估情况进行记录,以供后期规划使用。

3. 制定规划八步骤

步骤 1. 拟定规划范围、对象和参与机构。例如,政府部门、发展商、公益组织。

步骤 2. 现状 SWOT 分析。从区域的角度分析自然资源和发展背景,在回顾、评价过去规划的基础上,通过调查、搜集,获取社会、经济、环境和文化各方面详细数据,分析评价规划发展的机遇和限制。

步骤 3. 用 GRASP 法评估现存资源和设施。在对现有开放空间进行实地考察,并在对使用者、管理者、公益组织访谈的基础上,以使用效度为衡量标准的前提下,进行综合评分,生成现存资源和设施的实际服务范围。

步骤4. 调查、评估民众需求。根据人口特征发掘相应需求,在人口结构变化的基础上,预测活动类型、需求的变化,成为制定规划的基础。再结合家庭问卷、访谈、公众会议及网络投票等方式,重点发现对社区级开放空间的需求和内容,成为规划目标和主题制定的基础。例如,使儿童和青年主动参与活动;保持公园环境卫生和良好的设施维护;提供安全的活动氛围等。

步骤5. 确立规划目标。设定民众、发展商、政府各部门统一的发展愿景,依据需求的迫切程度设定阶段性目标,并设立子目标,设置策略实施优先级。

步骤6. 制定开放空间系统框架(类型和数量)。在参照城市开放空间分类和量化标准的基础上,依据自身城市的资源基础、民众需求特色,选定开放空间的物质组成、数量,制定系统框架。

步骤7. 编制规划。具体将上述步骤涉及的内容浓缩,重点在步骤1、5、6的基础上,进行具体化操作,包括各子目标、阶段性实现的优先次序;拟定的策略措施,量化后的规划成果,落实到各部分的具体措施;成果文件,包括规划文本、规划图件和规划附件等;以及规划的更新内容选定、进程表、与其他导则和文档的关系。

步骤8. 制定相应游憩服务供给、设施供给、维护和管理计划。包括分管部门的人员配置建议,各开放空间的开放时间、管理计划等。

8个步骤用"系统规划模型"①组合起来(图5-3),在确立规划目标后,步骤6、7和步骤8可并行开展,最终成为规划内容成果,共同为下一次规划积累经验。规划总进程时间约拟定为一年四个月,每五年更新一次。

5.2.2　内容框架及文本构成

1. 内容框架

规划内容主要分为现状资源使用评估、游憩需求分析和编制规划三部分。

(1) 第一部分——案例背景简介及现状资源使用评估

可用于规划的现存及潜在资源、相关统计数据的采集。

A. 规划背景概要(本市发展概况;相关规划发展概况);城市概况、土地利用

---

① 土地利用指南体系中的一个组成部分,被广泛应用于规划决策和住房、交通、教育、环境管理战略制定中。

情况、上下层级与周边土地使用、相关规划分析。

B. 开放空间系统概况(系统产生历史渊源、规划历史列表;相关规划进展,现状 SWOT 分析);通过了解资源保护、社区、管理需求,分析评价现存的发展机会和限制;搜集关于人口、游憩服务、基础设施等方面的数据,通过这些信息为未来规划提供更有效的发展基础。

C. 现状开放空间系统 GRASP 评估(现有公园条件,包括使用便利性、外观和对维修、更换的需求);公园可达性,包括自行车、机动车、人行和残疾人可达性;公园功能,包括与现有随机和非组织活动的契合程度;公园周边环境,包括和谐和冲突,含噪声、光污染、交通和停车干扰,以及周边土地利用的关系。各空间设施评分及列表(参照评分标准)。有效的城市开放空间规划的评判标准,主要是,是否在现有条件基础上,尽可能为社区居民提供了公平、合理的活动空间。例如,每个居民步行 20 min 内是否有可达的小型公园、游乐场地或者广场;均衡分布的学校内的体育设施、社区健身苑、公共运动场是否含有各年龄所需的体育设施,并使民众保证每周有一定的有效使用时间;海滩、河流、湖泊等自然资源,作为保护用地,是否能有便捷的步行,或公共交通抵达途径;林荫道、街道、绿道和游径网络,作为社区范围的线性公园、人行道、自行车道,是否与开放空间相连;公共艺术和标志性景观通过系统与场地精神相连;游憩项目有平等的分布和进入的权利,设施是否为各年龄群体设计,并受到较好的维护;社区是否有灵活的自主、建设权利,并可与公益组织、文娱团体合作,能受到各级政府的支持和部分资金资助。

(2) 第二部分——游憩需求分析

A. 人口和社区构成分析

将人口按年龄特征进行分类统计,转化为针对不同使用者人群的游憩偏好模式。例如,乐童模式——学龄前婴幼儿偏好玩耍、嬉戏类简单活动;少年模式——中小学生偏好跳绳、游戏、滑板和放风筝等娱乐性较强的体育活动;精英模式——中青年上班族,偏爱网球、排球、篮球、高尔夫和羽毛球等,有一定场地和设施要求的体育竞技类活动;老年模式——60 岁以上的老人偏爱唱戏、太极、跳舞、遛狗和看报等游憩类,文娱性强的活动。针对现有和 5 年后人口构成,对游憩需求类型进行定性判断和预测;集合社区分布特点,绘制不同年龄人口分区图,为游憩需求类型分布结构建立参照依据。

B. 游憩需求定性和定量分析

通过实地考察、拍照、对设施和游憩活动参与者进行电话或当面访谈、对公园和游憩管理者访谈,以及大范围的社区居民访谈和观察的方法,了解普通大众的主题和需求。程序一般包括:开放空间中的工作人员访谈和研讨会,相关责任人和领导访谈,学校、公益组织、绿化局和体育局等直接开放空间供给和管理机构代表访谈,老年、青少年文体团体、志愿者机构等相关民间团体访谈。官员、工作人员、专业管理机构、居民、审批机构和社区代表研讨会。根据各地区的实际情况,还可采取多种方式,进行入户访谈、电话、电子邮件和网络平台调查。对游憩活动进行统计,统计所需的各级城市开放空间类型、数量、面积、分布结构及管理策略进行定性和定量统计、分析、比较,得出现有供给和所需城市开放空间的差距,使规划针对性更强。新区的建设,多来源于与另一个情况相似的区域建设进行比较,包括人口规模、居住区分布等基础上的城市开放空间需求。

(3)第三部分——编制规划

A. 确立规划目标

根据前两部分的工作,可设定规划依据、期限、范围、规划原则和指导思想,提出规划目标与目的。通过第二部分的调查,可确立规划目标和分主题,并依据每个主题,拟定目标,提出每个目标实施所需要的策略和措施。

B. 制定系统框架

在资源基础、人口分布和游憩需求分析的基础上,确定城市开放空间系统总体布局与结构规划。在"新层级理论""五维理论"的基础上,本着"集约""邻近""系统共享""多样""动态"和"零盲区"六原则进行结构选型。

在参照城市开放空间分类和量化标准的基础上,依据自身城市的资源基础、民众个性化需求,选定开放空间的类型、数量(详见标准),制定系统框架。

C. 编制系统规划

具体将上述步骤涉及的内容浓缩,重点在1、5、6的基础上,进行具体化操作,包括各子目标、阶段性实现的优先次序;将拟定的策略措施,量化后的规划成果,落实为各部分的具体措施。

在7的基础上体现成果文件,包括总体结构、各类型数量、设施供给数量、等级、供给人数、管理措施、规划文本、规划图件和规划附件等,以及规划的更新内容选定、进程表、使用后评估程序以及与其他导则和文件的关系。

D. 制定相应游憩服务供给、设施供给、维护和管理计划

包括分管部门的人员配置建议、各开放空间的开放时间、管理计划等,以及时间表、实施建议和审批、各阶段反馈信息。

2. 规划文本,配套图表

规划文本主要分为 9 章、附录和各章所需图表。如下:

表 5-1 中国城市开放空间规划文本和图表内容

章节名称	子 章 节	主 要 内 容
1. 规划背景概要	1.1 区域背景 1.2 发展模式 1.3 有关城市开放空间系统、城市和区域关系的考虑	本市概况;相关规划概况与分析;城市开放空间系统历史简介;前规划概述、本次开放空间规划改进、规划范围、侧重点、远景
2. 城市开放空间系统概况	2.1 产生与发展 2.2 SWOT 分析	城市开放空间系统历史渊源;结合城市发展和相关规划进展,通过SWOT 分析,发掘其发展契机
3. 现状开放空间系统 GRASP 评估	3.1 设施评分(包括使用便利性、外观、维修、更换的需求等) 3.2 综合评分(包括可达性、与周边土地利用的关系、活动和空间使用匹配度等) 3.3 GRASP 评估结果	通过各类型单体设施和综合评分,得出系统服务的综合效度
4. 人口和社区构成分析	4.1 人口年龄结构,游憩偏好模式——现状与预测 4.2 社区分布特色 4.3 居民城市开放空间愿景预测	针对现有和 5 年后人口构成,对游憩需求类型进行定性判断和预测;集合社区分布特点,绘制以人口分布为基础的城市开放空间愿景(类型、数量、服务范围等)
5. 游憩需求定性和定量分析	5.1 调查过程与结果 5.2 城市开放空间类型需求 5.3 城市开放空间数量需求 5.4 城市开放空间管理需求 5.5 与现有规划的比对	对游憩活动、频率、管理建议进行统计,统计所需的各级城市开放空间类型、数量、面积、分布结构,对管理策略进行定性和定量统计、分析及比对
6. 规划目标	6.1 规划目标和主题 6.2 子目标、策略和措施 6.3 阶段性实施策略	规划目标、策略、措施、优先级和进程设定
7. 规划系统框架	7.1 总体结构选型 7.2 市区级城市开放空间类型和数量 7.3 社区开放空间类型和数量 7.4 综合管理	确定城市开放空间系统总体布局与结构规划,分级确定开放空间的类型和数量,制定系统框架

章节名称	子　章　节	主　要　内　容
8.五年规划	8.1　目标概述、结构总述 8.2　市区级城市开放空间 8.2.1　滨水区 8.2.2　商娱文化休闲 8.2.3　户外体育设施 8.2.4　步道　自行车道 8.2.5　公园　广场　校园 8.2.6　城市特色区 8.3　各区社区开放空间类型和数量 8.3.1　公园 8.3.2　广场 8.3.3　学校 8.3.4　户外体育设施 8.3.5　步道与集市 8.4　具体管理策略和措施 8.4.1　开放时间 8.4.2　管理部门协调 8.4.3　环境和设施维护 8.4.4　使用人群和规章制度 8.5　与其他规划的协调关系	前一部分的细化,包括总体结构、各类型数量、设施供给数量、等级、供给人数、管理措施、与其他导则和文件的关系,内容包括规划文本、规划图件和规划附件等
9.配套计划和实施	9.1　游憩服务供给计划 9.2　设施供给、维护计划 9.3　人员配置计划 9.4　总体时间安排表 9.5　审批、公众反馈信息和使用后评估	制定相应配套计划建议和各阶段反馈信息汇总
附录		相关文件、开放空间委员会会议记录和日程安排、社区议程、宣传品和总结、公共会议记录及支持信函和网络转贴等

续　表

规划文本配套图表

章节名称		图	表
1. 规划背景概要	1.1　区域背景	城市区位关系图	
	1.3　有关城市开放空间系统，城市和区域关系的考虑	城市概况与资源条件综合分析图（1：10 000—1：50 000）	
2. 城市开放空间系统概况	2.1　产生与发展		历史演变阶段与变迁事件
	2.2　SWOT 分析		SOWT 分析
3. 现状开放空间系统GRASP评估	3.1　设施评分		现有开放空间类型和数量统计表 各类型开放空间中的设施评分
	3.2　综合评分		各类型开放空间的综合评分
	3.3　GRASP 评估结果	GRASP 评价图（1：5 000—1：10 000）	
4. 人口和社区构成分析	4.1　人口年龄结构，游憩偏好模式——现状与预测		现状和五年后人口年龄结构——游憩偏好模式对应表
	4.2　社区分布特色	社区分布图及相似人口结构集中区分布图（1：5 000—1：10 000）	
	4.3　居民城市开放空间愿景预测	社区20分钟步行缓冲区图（1：5 000—1：10 000）	

规划文本配套图表

章节名称		图	表
5. 游憩需求定性和定量分析	5.1 调查过程与结果		调查结果统计图表总结（问卷、各群体访谈）
	5.2 城市开放空间类型需求		类型和数量需求表，与现有表比对
	5.3 城市开放空间数量需求		
	5.5 与现有规划的比对		
	5.4 城市开放空间管理需求		管理策略需求统计表
7. 规划系统框架	7.1 总体结构选型	城市开放空间系统总体结构分析（1：5 000—25 000）；城市开放空间系统布局总图（1：5 000—1：25 000）	
	7.2 市区级城市开放空间类型和数量	市区级城市开放空间系统布局总图（1：5 000—1：25 000）	市区级城市开放空间类型和数量表
	7.3 社区开放空间类型和数量	社区级城市开放空间系统布局总图（1：5 000—1：10 000）	各区社区级城市开放空间类型和数量表
8. 五年规划	8.2 市级 8.2.1 滨水区 8.2.2 商娱文化休闲 8.2.3 户外体育设施 8.2.4 步道 自行车道 8.2.5 公园 广场 校园 8.2.6 城市特色区	各分类规划图（1：2 000—1：10 000）	

规划文本配套图表

章节名称	图	表
8. 五年规划	8.3　各区社区开放空间类型和数量 8.3.1　公园 8.3.2　广场 8.3.3　学校 8.3.4　户外体育设施 8.3.5　步道与集市	各分类规划图（1：2 000—1：10 000）	
9. 配套计划和实施	9.4　总体时间安排表 9.5　审批、公众反馈信息和使用后评估		规划总体时间进度安排表 审批、公众反馈信息和使用后评估记录表
附录		

5.2.3　关键技术

1. 量化标准

（1）城市开放空间类型

城市开放空间按照空间要素类型分类主要有道路系统、广场系统、公园和系统户外体育设施系统等。按照其游憩活动使用规律和形态，分为点状、块状、线状、面状四种[199]（吴承照，1999）。点状城市开放空间系统包括居住区小型健身场地、体育运动设施等有较小活动限定范围的地点；线状包括步行道、商业街、沿河道等地带；块状包括集市、体育设施等步行范围内的一系列游憩活动地区；面状系统涵盖范围大，包括风景名胜区、湖、海等水域和自然特征丰富的游憩区。按照服务级别可分为市级、区级和社区级，市区级城市开放空间系统主要包括大型城市公园、郊野公园、动物园、植物园、主题公园、海滩及湖岸等综合型面积较大的开放空间系统；社区级城市开放空间系统主要是指离居住区较近，与居民日常行为密切相关的小游园、广场、步行道、健身苑和公共运动场等小型空间。依据城市开放空间系统的游憩使用价值可分为明确空间和潜在空间两大类，明确空间指城市发展中普遍作为户外游憩使用的开放空间，如公园、广场、户外体育场地等;具有潜在特性的指实际已作为或将作为游憩使用的开放空间,如大学校园、中小学校园、人行道和屋顶花园等。

本书将城市开放空间用地主要类型分为:公园广场、游憩设施、校园、带状空间和其他用地的附属功能空间、水域、生产用地、防护绿地、附属绿地、自然资源用地及特殊用地等(表 5 - 2)。为便于更好地现有城市用地类型接轨,将《城市用地分类与规划建设用地标准》(2008 年征求意见稿)和《城市绿地分类标准》(CJJ -T85 - 2002 J185 - 2002)所具备的用地类型与其分类(类型代码)相对应。

表 5 - 2　中国城市开放空间用地分类

大类	中类	小类	现行类别代码
公园广场	公园	居住区级公园,包括小区游园、儿童小游园等	G1
		区级公园,包括区域性公园、儿童公园、专类公园等	
		市级公园,包括全市性公园、历史名园、游乐公园、其他专类公园等	
		自然资源公园,包括郊野公园、动物园、植物园、森林公园、湿地公园等	部分 G5
	广场	市政广场	G2
		文化广场	
		纪念性广场	
其他用地的附属功能空间	商业附属空间	商业广场	C15 以外的 C1 和 C2 配套空间
		商业庭院	
		商业半室内空间	
	居住附属空间	私家花园	R 配套空间
		屋顶花园	
		中心绿地	G41
		地下公共空间和连廊	暂归 R2 配套空间
	文化设施附属空间	文化设施广场	P2 配套空间
		文化设施庭院	
		地下公共空间和连廊	暂归 P2 配套空间

续　表

大　类	中　类	小　类	现行类别代码
校园	高等院校		P31
	中等专业学校		P32
	中小学		P33
	其他教育用地		P34
户外游憩设施	康乐设施		C15
	体育用地	体育场馆用地	P51
		体育训练用地	P52
		公共运动场	暂归 P51
		健身道	暂归 P51
		健身苑	暂归 R42
带状空间	滨水区	沿河、湖、海岸等具备游憩功能的空间	G14
	古迹保护区	沿城墙、遗迹等具备游憩功能的空间	暂归 G14
	非机动车道	步行街	S15
		自行车道	
		马路集市	
		游径,包括特色街巷、自然小径等	
		部分旅游城市的特色马道、民俗步道等	
水域	河湖水库		L1
	坑塘		L2
	滩涂		L3
	冰川及永久积雪		L4
生产用地	生产绿地	苗圃花圃草圃	原 G2
	农林和其他用地	耕地	N1
		园地	N2
		林地	N3
		草地	N4

续　表

大　类	中　类	小　　类	现行类别代码
防护绿地	道路防护带		G3
	卫生隔离带		
	城市高压走廊		
	绿带 防风林		
	城市组团隔离带		
附属绿地	工业绿地		G43
	仓储绿地		G44
	对外交通绿地		G45
	道路绿地		G46
	市政设施绿地		G47
	特殊绿地		G48
自然资源用地	风景名胜区		部分 G5
	水源保护区		
	自然保护区		
	风景林地		
	湿地保护区		
特殊用地	棕地		
	垃圾填埋场		
	设施农用地、盐碱地、沙地、裸地、沼泽地、弃置地等		N5
	露天采矿用地		F1

（2）空间类型分类细化——公园分类为例

按照公园的服务区域和对象,依据各公园服务对象——城市居民的游憩需求特点,在原有标准的基础上,重点突出公园以城市居民为游憩服务主体的本质,依据公园服务对象、规模和区位,将公园分为市级和社区级级别,重点参照

《城市绿地规划规范》(报批稿)、《公园设计规范》(CJJ 48-92)中,对各类公园适宜规模、服务半径、服务对象和基本设施配置等指标进一步拟定了细化规定,结合理论研究结果,各级别公园分类如下表5-3。

表5-3 中国城市公园分类标准

级别	类别	规模(hm²)	服务对象	服务半径(m)	抵达时间(min) 步行	抵达时间(min) 公交	区位
市级		≥50	全市居民及外来游客			≥60	非城市中心区
		20—<50				30—<60	公交可达
区级		10—<20	各区及全市居民	800—1 200	20—30		临近居住区或公交便利可达
社区级	居住区公园	1—<10	居住区、居住小区居民	500—800	10—20		紧邻居住区
	小区游园	0.1—<1	居住区老人、儿童	300—500	5—10		居住区内

表5-4 中国城市公园重分类

级别	类别	小类	现行类别代码
社区级	小区游园	儿童游园	G122
	居住区公园		G121
	社区公园	小型带状公园	G14
		街旁绿地	G15
区级	区级公园	区域性公园	G112
		儿童公园	G131
		游乐公园	G136
		体育公园	G137
		雕塑园	G137
		盆景园	G137
		带状公园	G14

续　表

级　别	类　别	小　类	现行类别代码
市级	市级公园	全市性公园	G111
		动物园	G132
		植物园	G133
		游乐公园	G136
		大型专类公园	G137
		历史名园	G134
		纪念性公园	G137
	自然资源公园	郊野公园	G5
		风景名胜公园	G135
		森林公园	G5
		野生动植物园	G5
		湿地公园	G5
		自然保护区	G5
		风景林地	G5

（3）按级别细化——社区级分类为例

表 5-5　中国城市社区级开放空间类型

居住区级			小区级	
公园广场	类型	代码	类型	代码
公园	小型综合公园	G121	儿童游园	G122
	小型带状公园	G14		
	街旁绿地	G15		
广场	休闲广场	G2(新分类)		
	健身广场			
	音乐广场			

续　表

配套开放空间				
居住配套	居住绿地	G41	幼儿园	R42
商业配套	商业(超市)广场庭院、半室内空间、地下空间和连廊	C11,C12,C13,C14配套	私家花园	R配套空间
文化设施配套	文化设施广场 文化设施庭院 地下公共空间和连廊	暂归P2配套空间 P2配套空间	屋顶花园	R配套空间
			地下公共空间和连廊	暂归R2配套空间
校园	中小学	P33		
游憩设施	健身道	暂归P51	文化体育设施(健身苑)	R42
	健身苑	暂归R42		
	公共运动场	暂归P51		
带状空间				
非机动车道	步行街	S15		
	自行车道			
	马路集市			
滨水区	游径,包括特色街巷、自然小径等			
	沿河、湖、海岸等具备游憩功能的空间	G14		

（4）上海市公园量化指标参考

A. 上海市公园LOS指标

通过基于LOS方法进行的上海公园量化研究,重点对上海中心城区、近郊区、远郊区公园LOS的计算,得出不同密度城区、不同级别公园的建设标准如下表。可见,从当前上海居民使用角度和城市用地实际情况,能供给的公园数量,与英美指标有一定区别。换言之,英美指标是与其国情、居民游憩需求、城市用地发展匹配的,不应盲目参照其绝对标准用于中国城市本土建设。

表 5‑6　上海公园 LOS 指标估算与英美指标比较

	高密度城区 （m²/人）	中密度城区 （m²/人）	低密度城区 （m²/人）	美国①	英国②
	上海中心城区	上海近郊区	上海远郊区		
社区级公园	0.3—0.4	1	1		
区级公园	0.5—1	1—2	2—3		
市级公园	3 及以上				
总计	3.8—6.4	7—12	13 以上	40.47	24.28

B. 上海市各级公园比例

依据雷芸 2010 年对中国和日本公园绿地分配比例分析得出,社区层面的公园绿地与城区层面的公园绿地的比例,东京为 1∶1.8,而我国为 1∶4.3。可见我国社区层面公园绿地所占的比例非常小,且社区公园内部 3 类绿地之间的比例为 1∶1∶1,与东京的 1∶2∶1 相比,我国的小区游园不论在 3 类绿地中所占的面积比例,还是实际单体规模,都显得有一些差距,进一步说明我国日常型游憩绿地建设中需要加强小区游园的建设力度,以期更好地发挥小区游园的核心作用[200]。城区层面上,我国对各类绿地没有给出明确的人均指标规定,尤其是综合性公园,虽然《国家园林城市标准》中提出"近 3 年,大城市新建综合性公园或植物园不少于 3 处,中小城市不少于 1 处",但这种表达形式相对比较模糊,对考评工作带来一定的不确定性。而相比之下,东京对城市基干公园则具有非常具体的指标要求,保证公园建设的实效性[201]。

值得注意的是,文中所推算出的上海公园数量、面积和规模分配比例与英国伦敦公园分配比例达成了一定的共性,即:其社区级别的小游园和居住区公园在总体公园中所占的份额很大,占总数的 80%～90%,总体面积达总公园面积的 20%～30%;市级和区级公园面积总和与社区级公园面积比例为 2∶1 或 3∶1。社区级别开放空间数量,以及各级公园之间的合理配比,应在公园规划标准中得到关注。文中计算出的上述值,可考虑作为城市各级公园比例分配结构的参考。

① 以 NRPA 早期推荐的 10 英亩/千人为参照,进行换算。当前标准根据地方发展有所调整。
② 以 NPFA 早期推荐的 6 英亩/千人为参照,进行换算。当前标准根据地方发展有所调整。

表 5-7　上海公园的数量、面积和规模估算

公园类型	面积等级（hm²）	数量（个）	比例（%）	面积（hm²）	比例（%）
小游园	<1	1 751	52.02	875.5	8.65
居住区公园	1—10	1 472	43.73	1 464.241	14.47
区级公园	10—20	105	3.12	2 015.615	19.92
市级公园	>20	38	1.13	5 763.96	56.96
合计		3 366	100	10 119.32	100

表 5-8　伦敦公园的数量、面积和规模特征[201]（来源：参考文献）

公园类型	面积等级（hm²）	数量（个）	比例（%）	面积（hm²）	比例（%）
小游园	<2	776	45.52	649.6	4.05
居住区公园	2—20	746	43.50	4 910.8	30.58
区级公园	20—60	132	7.70	4 332.9	26.98
市级公园	>60	61	3.56	6 164.0	38.39
合计		1 715	100	19 057.3	100

（5）社区级开放空间指标设置参考

A. 空间类型和服务人口

由于社区级开放空间是日常游憩活动开展的基础，对其深入细致的标准设置是开放空间效能发挥的保障。依据居住区规划[202]中对基本居住单元的描述，结合社区级别公园指标[203]，得出社区级别公园指标设置类别，并对社区级开放空间标准制定提供了指标类型参照。

B. 空间数量和服务人口

综合《城市社区体育设施建设用地指标》（2005）中关于体育设施数量和规模的指标规定以及 NRPA 设施设置标准，参照我国居住区规划相关指标设置。

2. 基于空间资源高效使用的关键技术

（1）A1：基于 GIS 的区域发展背景分析

基于 GIS 技术和生态原则，从区域角度进行城市的自然资源基础和发展背景分析。主要包括以下几方面：

A. 区域自然资源基础分析

重点对规划对象城市所在的区位气候、自然环境特点、重要自然资源，特别是沿海平原，山麓丘陵，或洪泛区的江、河、湖、海滩对城市发展有什么影响？描

述此重要自然资源与相邻城市的关系,及其将如何影响城市的发展。

B. 从区域角度分析资源和发展背景

分析区域总体社会经济、文化等战略发展要求。通过区域规划图,分析与周边城市水资源、山地资源、农林资源、交通网络和市政设施等使用和衔接的相互关联,强调资源的互补和共同使用,在同样的类别建设上不进行重复建设。从区域层面上探讨开放空间规划建设的影响和效益,对未来发展进行预测,确保区域内各城市发展的共赢。

C. 对相邻地区进行比对分析

基于对相关文献的整理、阅读,与相邻城市管理者、重要组织协调者和当地居民的交流,更好地了解本地区和相邻地区的背景和情况。重点阐述周边、相邻地区的土地使用(高速路,商业中心,游憩地,供水等)是如何相互影响的。客观阐述周边城市对规划城市的良好和不良影响。例如,相邻城市对棕地的改造提供了更多商机? 或者上游城市新建工业园影响了本市的公共饮水供给和质量吗? 主题公园的建立为本市居民带来了更多游憩机会?

表 5-9　中国城市开放空间规划时间安排表

规　划　内　容	第 一 年												第二年			
	1	2	3	4	5	6	7	8	9	10	11	12	1	2	3	4
现状资源评价和需求调查																
立项,调配专业人员,成立支委会																
拟定规划范围、对象和参与机构																
现状 SWOT 分析																
用 GRASP 法评估现存资源和设施使用																
调查、评估民众需求																
确立规划目标																
公众会议																
制定系统框架																
编制系统规划																
制定相应游憩服务供给、设施供给、维护、管理计划																

续　表

规　划　内　容	第一年												第二年			
	1	2	3	4	5	6	7	8	9	10	11	12	1	2	3	4
公众会议																
实施日程安排																
撰写各阶段工作报告																
工作内容公布、评估和各方面反馈																
审批和调整																
公众会议																

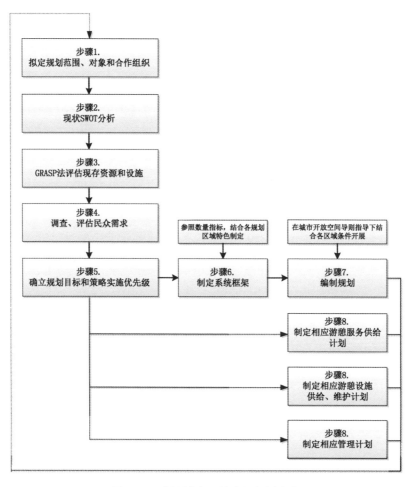

图 5-3　中国城市开放空间规划步骤

（来源：作者参照"系统规划模型"[204]绘制）

D. 环境要素汇总和分析

应基于区域自然和文化资源的清单,以协助其他各级部门保护生物多样性、生态系统和共同体的生态整合,在规划范围中,可不局限于行政边界;基于生态分区,例如流域规划分区,强调流域和自然资源的本地特征。例如,马萨诸塞州联邦被分为 27 个主要水域,每个水域进一步被细分为更小的水域。开放空间和游憩规划应该从流域背景的角度,强调基础水和自然资源的本地特征。参照马萨诸塞州"开放空间和游憩空间规划师手册"(Open Space and Recreation Planner's Workbook),需要注意的环境要素主要包括以下内容(表 5 - 10)。

表 5 - 10　开放空间规划环境要素汇总和分析内容(来源:作者根据"开放空间和游憩空间规划师手册"翻译、绘制)

环境要素类别	主要内容(文字和图)	重点研究问题
地理,土壤和地形	图中应依据对发展的局限,将土地类型分组。应依据将来土地的用途,标明土地类型。可大致分为:深层土,砂石或碎石,排水好或排水过度土壤,对供水和腐败系统都有影响;湿土(泥炭和淤泥),地表水很近但排水不畅的一年中一部分的土壤低渗水效率的位于斜坡(大于 25%)上的土壤,有腐蚀的潜质;基础的农业土壤;受污染的土壤(褐土)	1. 研究城市建立的基础结构。对地形、地理特征和土壤,特别是基础的和值得关注的(全州范围内的)农业土壤。重点研究砂和碎石沉积物,受侵蚀的土壤类型,山峰,冰河沙堆,瓯穴,洞和悬崖等。 2. 分析这些特征对城市发展的影响,例如饮用水来源、废水排放、游憩机会供给、侵蚀等。考虑某些发展问题,例如:所剩唯一未发展的土地,出现了很多含有暗礁的陡峭斜坡吗?它们如何影响下水道清理?未来水供给地选址在哪儿?面对居民需要的足球场地,怎么选址?城市区域中旧有农田里的未发展用地多吗?如果这样的土地是可被开发的,将如何被划分?当这些区域发生改变时,将如何影响城市特性和交通
景观特征	景观特征图	1. 描述城市的特征。集中体现在有特色的地形、独特的环境和特殊自然美景,包括山脉、特殊视野,生产性景观,例如农业和森林区域、历史景观和空置土地以及工业区。 2. 考虑发展带来的变化将对城市的整体景观特色,特别是未充分利用的开放空间区域,造成怎样的影响

环境要素类别	主要内容(文字和图)	重点研究问题
水资源	1. 流域——主要流域、支流流域和相应的保护措施； 2. 地表水——湖,塘,湾,泉,河流和保护区、优质水资源、海水和含盐水、潮汐渗透河口,包括地表水供给和水供给保护区； 3. 蓄水层补给区(现有和潜在的饮用水供给);洪灾区； 4. 湿地——标注出有和没有森林的地区	1. 描述所有水资源,特别注意是否可供游憩使用,关注水质和水量。 2. 应涉及现有游憩使用、水资源的分类和游憩可进入性
植被	1. 总体植被列表——形成地区特色的重要植被和植被群 2. 森林用地——包括非寻常的覆盖类型和未被扰动的森林地块 3. 公共树种——行道树,墓园树,公园树以及其他公共所有和管理的树种 4. 农业用地——有景观价值,也可视作为野生动物服务的区域 5. 湿地植被——重要的野生动物资源 6. 稀有物种——包括联邦和州级别列表中的濒危和被特别关注的物种 7. 特有自然资源——沿岸沙滩,池塘(vernal pools),石楠,白杨沼泽 8. 植被工程分布图——在区域和州范围基础上的分布图	1. 重点考虑植被的游憩价值,例如狩猎,集中游憩,观景等。 2. 突出自然资源保护主题,例如生物多样性和生态系统保护,经济影响,土壤稳定化质量等
鱼类和野生动物	1. 总体列表——野生动物及其栖息地的总体描述,包括贝类动物 2. 池塘(vernal pools)信息——所在位置和分布图可从自然遗产项目获取 3. 野生动物迁徙廊道 4. 稀有物种——包括联邦和州级别列表中的濒危和被特别关注的物种	考虑保护社区生物多样性和生态系统

续　表

环境要素类别	主要内容(文字和图)	重点研究问题
风景资源和独特环境	1. 景观——例如山顶,溪流廊道,开放的牧场,农业景观,景色和景观路(Consult DCR's Scenic Landscape Inventory) 2. 考虑其主要特点或者非寻常的地理特征,以及潜在保护和开发资源文化,考古学的和历史区域 3. 独特环境——包括州级别的环境关键区域,确定和描述的其中包含综合关键资源的地区或生态系统,例如重要地表水、湿地、野生动物栖息地和森林用地	这些资源不容易被分到以上的几类分类中,但会根据美学上的重要性进行划分,每个社区的分类标准不同,但均应和当地居民协作进行
环境挑战	1. 危险废品和褐土用地 2. 垃圾填埋场 3. 侵蚀 4. 长期洪泛区 5. 沉积 6. 新发展 7. 地下和地表水污染,包括点状和非点状源受损水体,以水质和水量反映(DEP) 8. 其他,在 MassGIS 数据库图层上不能反映,有森林,低冠覆盖,高数量的危险树,树屏障,侵略性树种,以及人进入开放空间的平等性,树覆盖率等牵涉环境公平性的问题	1. 讨论社区和区域影响开放空间和游憩规划的环境挑战,这部分对发现最近存在或即将发生的环境挑战很有帮助。 2. 应该从当地和区域背景来发现这些挑战是如何潜在地影响规划的(可从 DEP,DCR 等部门获取更多信息)

E. 强调重要资源的保护

分析本城市可能对相邻城市造成的影响。应特别注意对接壤地带进行"友好性"衔接,确保相邻区域的兼容性和可持续性。对区域中重要资源,例如,湿地、森林、农田、地表水体和蓄水层等,应充分依据环境部门的相关评价报告重点保护。

(2) A2:使用 GRASP 方法对现有开放空间游憩供给效能进行评价

A. 现有开放空间类型统计和 GRASP 评分

参见表 5 - 11 内容框架。

表 5-11 现有开放空间类型统计和 GRASP 评分表框架

开放空间名称	地 址	所含设施	GRASP 评分	服务质量等级
松鹤公园		健身器械		优
		遛鸟设施		优
		儿童游憩设施		中
		小型羽毛球场		中
		散步道		中
		茶室		中
		滨水亭廊		优

B. 开放空间类型潜在使用效能预测与提升

现存及潜在资源的调查成果应集中体现在规划图、游憩项目组织、社区和人口统计数据中(表 5-13)(图 5-4—图 5-6),根据所制定的规划重点可进行局部调整。

表 5-12 现有开放空间类型潜在效能评估

开放空间名称	所含设施	当前游憩项目 Vs. 潜在服务项目	实际服务人数 Vs. 潜在服务人群	服务半径	开放时间价格	效能提升瓶颈
杨浦区二联小学	田径运动场 乒乓球馆 羽毛球场	跑步 Vs. 羽毛球 乒乓球 轮滑 跳舞	人/月 Vs. 人/月	1 200 m (步行 20 min 内)	开放时间:周末(不接待散客) 价格:暂不收费	校园安全 工作日夜间开放 设施维护 (灯光球场)
延春公园球场	篮球场	篮球 Vs. 篮球	人/月 Vs. 人/月	1 800 m (步行 30 min 内)	开放时间:周末 价格:5元/小时	工作日夜间开放 设施维护
杨浦公园跑步道	900 m 跑步道	跑步 轮滑 散步 儿童车 Vs. 跑步 散步	人/月 Vs. 人/月	跑步 30 min内	开放时间:5:00—18:00 (夏)	工作日夜间开放 设施维护 安全管理

表 5‐13　现状资源评价和需求调查资料来源

规 划 类	游憩项目相关资料/文本类	社区数据类	人口数据类
城市总体规划	游憩项目设置、组织和活动团体	社区发展规划项目社区管理	总人口数量、性别年龄构成及分布
城市绿地系统规划	现有各年龄段体育、文艺团体活动类型和活动时间安排表	现有和将来人口数量与人口构成规划	5 年后人口数量、结构预测及分布
市政设施规划	有游憩项目和服务的非营利性组织场地、文化设施	各区社区级公园、广场、健身苑、公共运动场等开放空间分布	人口收入、居住、种族、宗教信仰等数据
滨水区规划	现有学校和居民活动中心等公益性设施分布	社区和现有相关设施调研照片	
人行道和自行车道、公共交通规划	游憩设施供给组织、管理		
环境、自然资源评价相关规划,包括:生态资源分区、废弃地和"棕地"分布图;自然开放空间和保护区;濒危保护区和生态脆弱区等	游憩项目指导和培训机构		

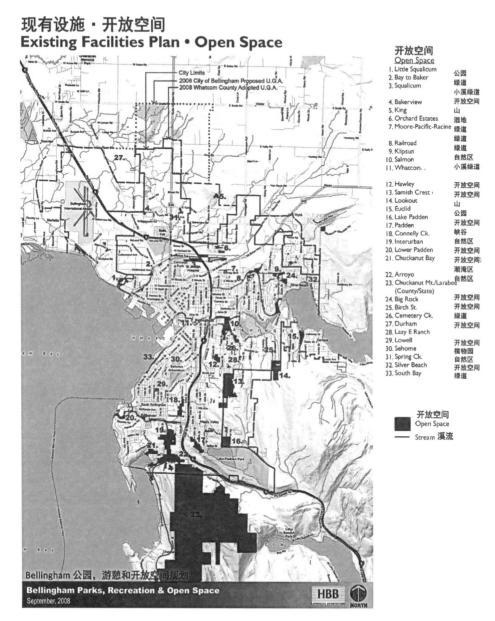

图 5 - 4　Bellingham[205]——开放空间现状

（来源：作者根据原图翻译）

现有设施·公园和特殊用途场地
Existing Facilities Plan·Parks and Special Use Sites

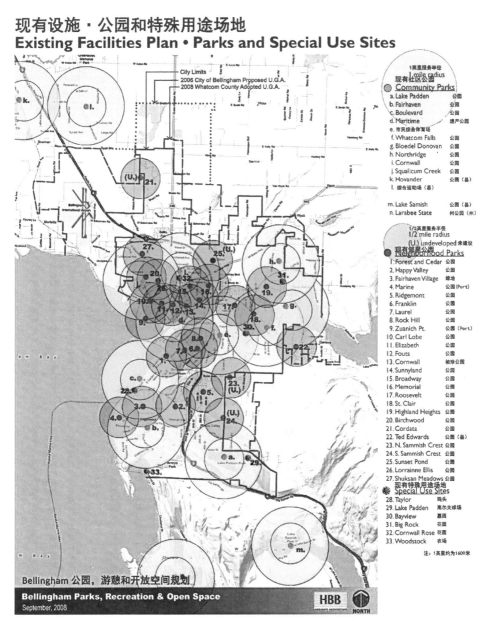

图 5 - 5　Bellingham[205] 现有设施、公园和特殊用地

（来源：作者根据原图翻译）

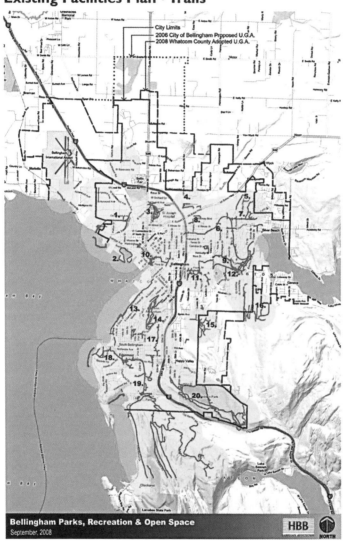

图 5-6　Bellingham[205] 现有设施、游径

（来源：作者根据原图翻译）

（3）A3：游憩需求调查

A. 基本资料采集——城市人口构成基本信息统计和居住区基本信息（表5－14）

表 5－14　城市人口和居住区基本信息调查重点

2012 人口		2017 人口		人口增长率
中心城区	市域	中心城区	市域	

分别统计 2012 和 2017 数据

经济	居住	年龄	种族
上班花费时间	现有居住住房	平均年龄	汉族
中等居民家庭年收入	空置住房	5 岁以下	少数民族
人均年收入	所有住房	5—19	
贫困家庭	租住住房	20—34	
		35—64	
		65 以上	

人口改变	游憩需求发展趋势预测	开放空间对城市发展的作用
		增进经济发展
		提高生活质量
		促进居民健康生活方式的形成

B. 公众参与、问卷调查和现有空间使用情况调查

重点调查：当前和未来 5 年的活动类型；活动频率；来往公园方式和各自的时间；常使用公园离家的最大步行距离；一日生活事件内容和发生时间；管理建议。集中对城市中受居民使用欢迎的空间形态进行调查，采集、统计其中发生的活动类型、空间密度、空间容量等。

（4）A4：游憩需求"转译"

A. 根据人口（年龄构成）和居住区基本信息，确立设施、空间分配比例，如表5－15 所示。

表 5-15　居住区游憩设施和空间偏好设定

居住区名称	人 口 构 成				
	0—4 岁	5—17 岁	18—34 岁	36—59 岁	60 岁及以上
游憩模式	乐童	少年	竞技	精英	老年
代表性游憩设施	沙池、滑梯	游乐设施	体育设施	康乐设施	被动游憩设施
代表性空间偏好	小游园	游戏场地	体育场地	体育场地公园	公园

B. 公众问卷"转译"的空间、设施类型、数量统计表，如表 5-16 所示。

表 5-16　"转译"内容对应关系

现有调查内容	"转译"成果
活动类型	设施类型、档次；空间类型
活动频率	LOS 估算市、区、社区空间数量和配比
来往公园方式	空间连接模式
最大步行距离	服务半径
一日生活事件	空间模式、社区级空间连接模式
管理建议	空间管理

（5）A5："供给"与"需求""差距"的解析、补充和与自然资源的再联通

A. 进行"差距"补充

B. 以居住区为基础，确立基本构型

C. 尽可能多地与自然基底融合、联通

表 5-17　联通空间使用的关键类型（来源：作者根据相关文献翻译、总结）

类　别	主　要　类　型
接入点	有视觉、物理环境标志性和游憩价值的游憩设施，如船码头、进入游径系统的入口和停车区域、郊野公园、风景名胜区入口及河口等

类　　别	主　　要　　类　　型
带状空间	具备设计良好的景观的中间地带,位于市区的办公大楼周边的公园官场或者主要大道 振兴一个社区的滨水区;生态作用显著的自然廊道;绿带;海岸线、河岸地区(河流走廊)
线性空间	铁路廊道、公共设施、铁路地役权、溪流廊道提供散步、徒步、探索自然、骑自行车、打网球、打篮球、野餐、社会交往或者放松的地区; 陆地或水上线性游憩设施,为多样自然或文化资源和游憩设施或通向其他地区的公共入口,提供联系;风景和历史线路
踏脚石	有少数树木和河滩的小型被动型游憩活动的公园;大型公园和自然地;城市和社区林业
块状空间	一条穿过森林或一个城市的小路; 沿着一条小溪的走廊或者一个小的水体
自然区域	海洋沙滩、山岭、悬崖、峡谷、湖泊和河流; 湿地(湿地)、森林、开放高原、灌木地草原、不毛之地和农场; 悬崖洞穴、公园和保护区、洪泛平原、溪流缓冲区、湿地; 地下水含水层、湖海岸、饮用水源; 河口、农业资源、森林资源

（6）A6：空间规划和管理策略、供给项目、实施计划制定

在使用不同规划进程、步骤、关键技术后,有针对性地制定规划不同阶段所需的策略、项目、实施规划。

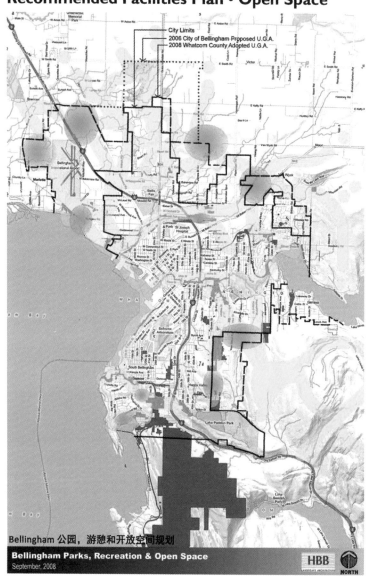

图 5 - 7　Bellingham[205] 推荐设施规划方案：开放空间

（来源：作者根据原图翻译）

推荐设施规划·游径
Recommended Facilities Plan • Trails

图 5-8　Bellingham[205] 推荐设施规划方案：游径

（来源：作者根据原图翻译）

表 5-18　开放空间规划进程、步骤、文本、关键技术参照

规划进程	步　骤	关　键　技　术	相应文本章节
第一阶段——现状资源评价和需求调查	步骤 1. 拟定规划范围、对象和参与机构		
	步骤 2. 发展背景和现状 SWOT 分析	A1 基于 GIS 进行的区域发展和自然资源分析,重点为区域自然资源基础分析、相邻地区进行比对分析等	1.2
	步骤 3. 用 GRASP 法评估现存资源和设施	A2 使用 GRASP 方法对现有开放空间游憩供给效能	3.
	步骤 4. 调查、评估民众需求	A3 游憩需求调查	4.5.
第二阶段——制定规划	步骤 5. 确立规划目标		6.
	步骤 6. 制定开放空间框架(类型和数量)	A4 游憩需求"转译"	7.
第三阶段——审批和调整	步骤 7. 编制规划	A5"供给"与"需求"之间"差距"的解析和补充;注重居住区为基础的供给和与自然资源的联通	8.
	步骤 8. 制定相应游憩服务供给、设施供给、维护、管理计划	A6 用相应的规划方法进行空间规划和管理策略,制定供给项目、实施计划	9.
第四阶段——工作内容公布、评估和反馈			9.
第五阶段——实施规划			9.

表 5 - 19　城市开放空间社区级指标参考

社区规模	基本单元	服务人口	开放空间类型	步行可达时间	主要服务人群	游憩设施类型、数量	开放时段	指导/管理机构、组织和人员
居住小区	500 m×500 m	10 000—15 000 人　3 000—5 000 户	儿童游园	5—10分钟	幼儿			
			幼儿园		幼儿			
			私家花园		各人群			
			屋顶花园		各人群			
			地下公共空间和连廊		青少年 老年			
			文化体育设施		青少年 老年			
居住区	4 个基本单元	30 000—50 000 人　10 000—16 000 户	小型综合公园	5—20分钟	各人群			
			小型带状公园		各人群			
			街旁绿地		老年			
			休闲广场		中老年			
			健身广场		中青少 老年			

续　表

社区规模	基本单元	服务人口	开放空间类型	步行可达时间	主要服务人群	游憩设施类型、数量	开放时段	指导/管理机构、组织和人员
			音乐广场		中青			
			居住绿地		老年			
			商业（超市）广场庭院、半室内空间，地下空间和连廊		各人群			
			文化设施广场庭院公共空间和连廊		各人群			
			中小学		青少年			
			健身道		各人群			
			健身苑		中老年			
			公共运动场		中青少年			
			步行街		各人群			
			自行车道		中青少年			
			马路集市		各人群			

表 5－20　城市开放空间社区级游憩设施指标参考

类　型	场地数量（个）			建议单元面积	区　　位	可替代空间类型和场地供给折算细则
	1 000—3 000 人	10 000—15 000 人	30 000—50 000 人			
儿童游园	1	3	9	0.5—1 ha	分散尽量靠近居住地	幼儿园 屋顶花园 地下公共空间和连廊
小型公园		1	3	0.5—1 ha	分散尽量靠近居住地	街旁绿地 居住绿地
综合健身场地（武术、舞蹈、体操）	1	1	3	0.5—2 ha	靠近公园、广场 靠近商业、文化中心	屋顶花园 地下公共空间和连廊 商业、文化广场
健身道		1	3	200—400 m	尽量连接其他设施，避免与机动车道交叉，出入口设置在社区内	步行道 步行街 中小学设施
篮球		1	3	310—730 m²	靠近中小学	中小学设施
排球			1	290—390 m²	靠近中小学	中小学设施
足球		1	2	460—125 500 m²	靠近中小学	中小学设施

续 表

类 型	场地数量(个)			建议单元面积	区 位	可替代空间类型和场地供给折算细则
	1 000—3 000人	10 000—15 000人	30 000—50 000人			
门球	2	1	3	380—730 m²	靠近中小学	社区设施
乒乓球		6	16—20	40—680 m²	靠近中小学	屋顶花园 地下公共空间和连廊
羽毛球		2	6	150—175 m²	靠近中小学	屋顶花园 地下公共空间和连廊
网球		1	3	540—680 m²	靠近中小学或靠近商业、文化中心	屋顶花园 地下公共空间和连廊
游泳池		1	3	1 680—2 250 m²	靠近中小学或靠近商业、文化中心	中小学设施
轮滑/滑冰场		1	1	510—610 m²	靠近中小学或靠近商业、文化中心	屋顶花园 地下公共空间和连廊
健身器械(组)	1	1	3	视具体内容而定	分散尽量靠近居住地	屋顶花园 地下公共空间和连廊
总计	5	20	58—62			

5.3 中国城市开放空间公众参与
规划软件——OSPS 设计

5.3.1 OSPS 内容架构

1. OSPS 概况

OSPS,简称为城市开放空间规划软件系统(Open Space Plan System),是本研究基于公众参与规划地理信息系统[1](public participatory geographic information system,PPGIS)研发的,适用于不同城市的弹性城市开放空间规划策略的软件。

关于 PPGIS 的研究,有一套完整的科学方法和手段[206],主要对地理信息系统和科学技术进行考察和应用,满足公众,特别是低收入群体的使用需求;对影响公众的公共策略进程,例如数据搜集、规划图拟定、分析和决策等进行了有效整合。"一个规划的成功与否很大程度上取决于有多少受影响的民众参与到其决策过程中,规划过程应该包括持续的市民参与及社区教育。"[207]

与斯坦纳(Frederick Steiner)的观点相同,PPGIS 旨在倡导规划的公众持续参与性。庄永忠,廖学诚(2010)将讨论的成果搭配 Google Earth 平台进行展示作为公众参与社区规划的方式之一,此方式能同时利用地图、向量图层与照片进行讨论,相对于口头讨论或搭配纸本地图进行讨论更能引发参与者之联想力,并能增加讨论之深度与广度,使 PPGIS 的效能和可操作性大大增强。

文中的 OSPS,是以城市人口资料、城市开放空间基础资料、居住区资料以及遥感土地利用资料等作为基本信息源,以最小行政统计单元街道和乡镇为基础,利用 GIS 软件 CLOUD[2],并结合 JavaScript 编程语言和 MySQL 数据库设计的软件,该软件使系统具有较强的数据存贮更新、在线问卷操作、查询检索、统计分析和制图制表等功能,为城市开放空间规划提供了城市的个性化指标来源、规划参照依据、规划构型选择和决策、审批的科学依据。

---

① 维基百科上的解释为:在 20 世纪 90 年代由 GIS 和社会科学结合而产生。在第二届 PPGIS 国际研讨会(2003)上,定 PPGIS 为:不仅仅是一个用来将地理信息翻译成用地图来表示模式和关系等特征的工具,它的发展实际上是一个社会化的过程。结合了人类学、地理、社会工作和其他社会科学产生的社会理论和方法相联系的跨社会科学和自然科学的研究,是社会行为与 GIS 技术在某一地理空间上的结合,具有很强的社会性。与传统的地理信息系统相比较,其差异主要在于使用目的、对象和系统功能的不同。Kingston(1998)在英国的 Slaithwaite 进行的基于网络的公众参与计划,被称为第一个成功的基于网络的 PPGIS 系统。

② 将 Gis 云(GisCloud)http://www.giscloud.com/app 作为开发工具,由于开发难度和研究时间的局限,结果以 googlemap 作为 demo 展示,但仍可认为是一种 GIS 平台下的研发软件。

虽然,OSPS 拓展了规划样本的数量以及公众参与方式,但仍有传统调查方法,如访谈、实地调查、游憩者行为观察、实地体验等基于传统交流方式的方法不可取代的优势,使系统具备一定的局限性。因此,应使用在线问卷调查和传统方法相结合的调查模式,对重点人群进行电话访谈、现场访谈、邮寄家庭问卷,以及公众、社会团体、政府工作会议等多种调查方式,使规划更贴近居民需求。

2. 规划模式、量化标准、导则实施步骤的集合

OSPS 服务对象包括公众、规划师、政府。针对不同服务对象,体现出的功能和侧重点不同。公众部分,主要包括公众游憩需求信息的采集、对规划和管理的建议和投诉、对规划的评价和修改意见,以及规划效果和使用后评价。规划师部分,提供由公众问卷信息采集、统计和现状调查基础上生成的游憩需求、现状分析图、数据统计表,采集各相关管理部门现行的规划策略和措施,配合计算机辅助设计,为规划提供来自公众、城市开放空间使用和管理现状的客观翔实的依据。政府部分,主要提供来自公众的意见汇总、需求调查一手数据的统计表、现有开放空间使用和管理评分体系情况,规划反馈和评价;以及来自规划师对公众统计数据的分析和规划建议、规划提案和策略调整意见。此外,建立了各级政府机构、相关部门的连接系统,便于相关信息的发布和公开,建立与国内、国外相关组织的沟通渠道。

3. 公众在线问卷调查

在对上海案例游憩需求问卷调查的基础上,本书对问卷问题进行了修改和探索,力求在访问者使用的最短时间内获取最有效的信息,并将问卷问题主要集中在以下几个方面:个人信息采集、开放空间建设重要性排序、需增加或减少的开放空间类型选择、游憩活动类型及频率选择、管理建议、规划评价及使用后评价。

4. 因地制宜建立规划模式与标准

辅助规划主要体现在两方面:一是调查数据的统计、处理和初步分析。例如,依据 LOS 计算方法,将公众对"游憩活动类型及频率的选择""转译"为城市开放空间的类型、数量;依据对现有城市人口构成状况,分析年龄构成和配比,以生成全市开放空间类型配比比例等。二是公众对开放空间的需求图、现有资源供给和使用状况评价图生成与比较。例如,以社区中心为圆心,以某市居民能接受的最长步行抵达距离(上海为 20 min,约 1 200 m)为半径,可生成基于社区需求的开放空间需求图,依据叠加部分的出现次数,提供开放空间需要等级排序。

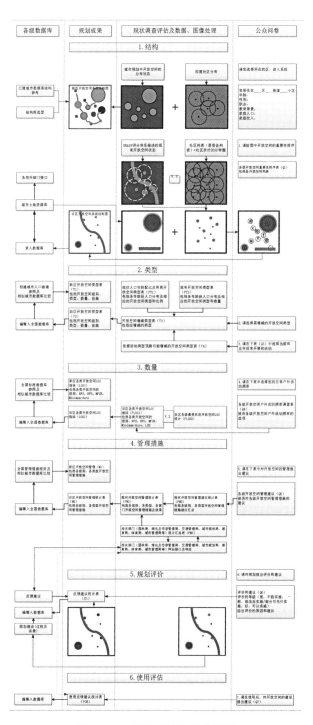

图 5 - 9　OSPS 系统结构设计图

5. 建立与相关城市、组织的数据同步

在国家级软件层面,对外加强与世界重要公益组织的横向联系。如:世界卫生组织(WHO)、世界休闲组织(WLO)、国际风景园林师联合会(IFLA),亚太地区相关组织机构,以及其他国家相关组织。例如,美国公园和游憩联合会(NRPA)、新加坡公园协会(Nparks)、英国国家游戏场地联合会(FIT)等建立学术探讨、研究成果、调查数据分享与参考,建设经验交流等信息渠道。对内构筑国家级、省级、市级及相关机构的纵向管理体系。在公益机构和民间组织管理上,注重机构的扁平化,增强其直接与国家机构的关联和话语权。

在省、市级软件层面,注重其管理机构上的沟通能力,成为国家政策和基层组织机构、部门的桥梁,加强各省、市,特别是经济、社会、生态环境条件相似地区的经验共享和探讨,调查数据指标的分析、借鉴、建设成果的相互学习。

各区、街道、社区居委会软件构建是公众意见和数据来源的基础,是管理的重点。发挥微博等网络平台的使用,依据科技发展,开发不同移动终端的使用效率,使公众意见和需求能更高效地传递、采集到数据库中。

5.3.2　OSPS 软件实现

1. 软件系统结构

OSPS 由如下几个功能模块组成(图 5 - 10),分为以下几类模块以实现其数据库功能。

公众问卷收集模块:按照网页/服务器 BS 模式(Browser/Server)设计,根据客户端特点便于问卷系统的逐步推广。使用 HTML 和 PHP[①] 语言编写互动式问卷网页。在问卷阶段用于组织和处理公众所填写的问卷信息,在反馈阶段用于公示规划成果并收集公众意见。

公众问卷管理模块:基于 SQL[②] 数据库技术,用于将网页上获得的用户信息和问卷内容存储到 MySQL[③] 数据库中,并在后续的公众参与理论数据分析

---

① 通用的 Internet 服务器语言。百度百科:PHP,是英文超级文本预处理语言 Hypertext Preprocessor 的缩写。PHP 是一种 HTML 内嵌式的语言,是一种在服务器端执行的嵌入 HTML 文档的脚本语言。语言的风格有类似于 C 语言,被广泛运用。

② SQL(Structured Query Language)结构化查询语言,是一种数据库查询和程序设计语言,用于存取数据以及查询、更新和管理关系数据库系统。同时也是数据库脚本文件的扩展名。

③ 百度百科解释:MySQL 是一个小型关系型数据库管理系统,MySQL 的 SQL"结构化查询语言"。SQL 是用于访问数据库的最常用标准化语言。MySQL 软件采用了 GPL(GNU 通用公共许可证)。由于其体积小、速度快、总体拥有成本低,尤其是开放源码这一特点,许多中小型网站为了降低网站总体拥有成本而选择了 MySQL 作为网站数据库。

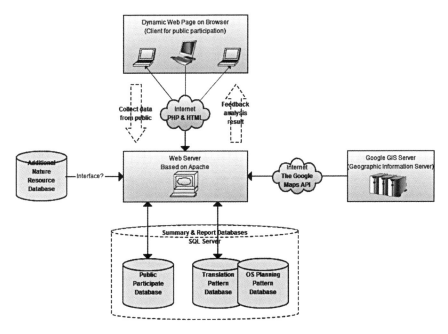

图 5-10　Web Based OSPS 系统功能模块结构图

（来源：作者所在研究团队绘制）

时提供数据。

分布式数据库管理模块：Web Based PPGIS 系统需要城市规划区位、人口分布等数据，而这些数据往往是存放在不同的城市职能部门。通过 ODBC（开放数据库互连）技术实现对分布式数据库的集成。

地理信息可视化交互模块：基于 Google Maps JavaScript[①]API，将地图嵌入到问卷中，在网页上支持用户对地图视图的浏览、移动、缩放等功能。根据规划数据以及用户位置数据（LBS[②]）动态生成 GIS Buffer，实现和用户的互动。

特殊地理信息获取模块：用于在其他数据源获取人口、交通等 GIS

[①]　维基百科的解释：JavaScript 是一种广泛用于客户端网页开发的脚本语言，最常是于 HTML 上使用，用来给 HTML 网页添加动态功能。是一种动态、弱类型、基于原型的语言，内置支持类别。完整的 JavaScript 实现包含三个部分：ECMAScript，文档对象模型，浏览器对象模型。

[②]　百度百科：基于位置的服务（Location Based Service，LBS），它是通过电信移动运营商的无线电通信网络（如 GSM 网、CDMA 网）或外部定位方式（如 GPS）获取移动终端用户的位置信息（地理坐标或大地坐标），在地理信息系统（Geographic Information System，GIS）平台的支持下，为用户提供相应服务的一种增值业务。

数据。

规划师辅助设计模块：为规划师提供工作界面。提供按公众投票结果动态生成规划建议视图及已有规划视图的比较、公众投票数据统计分析等功能。

规划发放模块：规划师工作成果的存储。

Web 服务器模块（可选）：使用 PHPnow 套件［包括 Apache/2.0.63（Win32）和 PHP/5.2.14）］。

2. 软件流程设计

包括三个流程设计：公众问卷、投票、反馈流程。规划师获取统计数据、读图、规划流程和政府审批、公布流程。通过泳道活动图进行详细流程设计（图 5 - 11，图 5 - 12）。

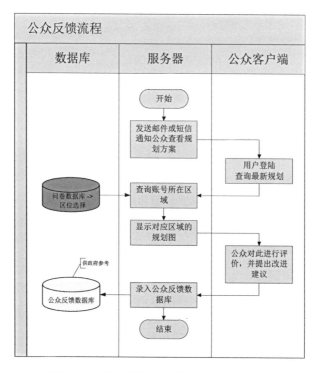

图 5 - 11 公众投票和反馈软件设计泳道图

（来源：作者所在研究团队绘制）

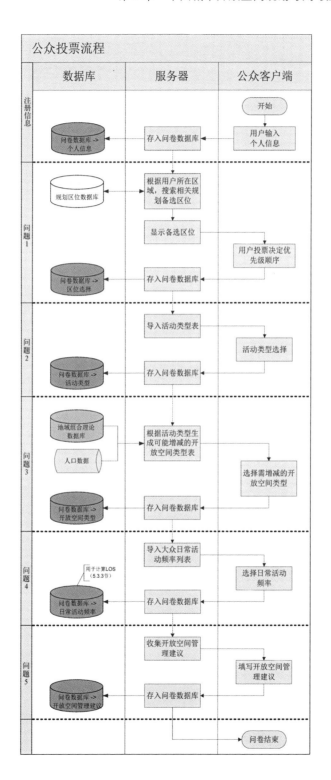

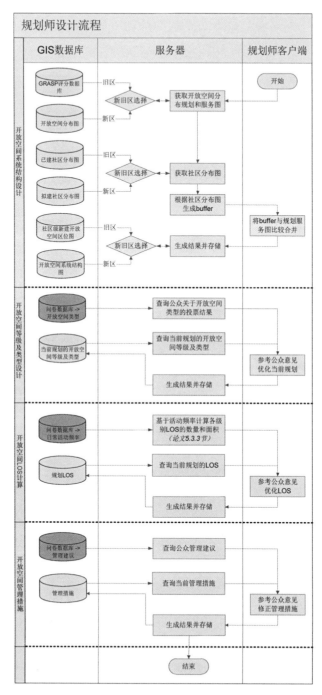

图 5-12 规划师流程软件设计泳道图

（来源：作者所在研究团队绘制）

3. 数据库设计

网络问卷中包含了大量的公众反馈信息,同时其数量也可能会随着系统的逐渐普及而不断增大。为了满足系统对数据的组织、存储、分析等需求,服务器端使用了 MySQL 关系型数据库进行支持。另一方面,Web Based PPGIS 系统需要城市规划区位、人口分布等数据,而这些数据往往是存放在不同的城市职能部门。通过 ODBC(开放数据库互连)技术实现了对分布式数据库的集成。

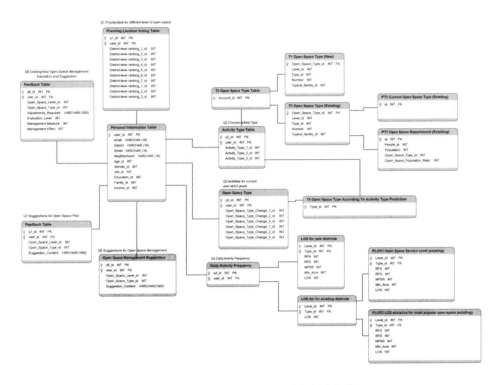

图 5-13　Web Based OSPS 系统数据库架构图

(来源:作者所在研究团队绘制)

4. 基于 Google Maps 的界面设计

将公众问卷、数据库统计、搜集的地图数据等以基本界面——HTML & CSS(样式表)显示(图 5-14,图 5-15),重点强调直观的问卷调查,以及基于地图及可视化技术,使公众更容易理解开放空间规划、提高其参与度。

公众参与城市开放空间系统规划问卷调查

登陆提示:

尊敬的女士先生,

为了解您的户外休闲娱乐需求, 有针对性地进行城市公园、广场、街道等开放空间的建设, 提高您的生活质量, 特开展此调查, 感谢您的参与!

**市城市规划局 园林局2011.3*

问题1: 为便于统计,我们将问一些关于您的问题

1. 性别:
   ○ 男 ○ 女

2. 年龄:
   ○ 18岁以下 ○ 18-25 ○ 26-35 ○ 36-45 ○ 46-55 ○ 56-65 ○ 65以上

3. 家庭人口: [_____] 在上海生活了几年: [_____]

4. 请选择家庭月收入范围:
   ○ 不超过1500元 ○ 1500~3000 ○ 3000~6000 ○ 6000~15000 ○ 15000以上

5. 家庭拥有汽车数量:
   ○ 无 ○ 一辆 ○ 二辆/二辆以上

6. 您的职业是:
   ○ 学生 ○ 全职职员 ○ 非职职员 ○ 自主经营 ○ 居家工作 ○ 退休 ○ 社保资助

7. 您的教育程度是:
   ○ 初中及以下 ○ 高中 ○ 职业学校 ○ 本科 ○ 研究生

下一页

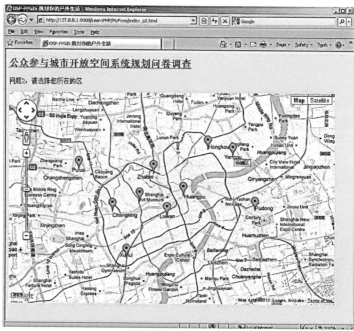

公众参与城市开放空间系统规划问卷调查

问题4：您希望该开放空间离家的距离是

- 走路 ☐ 分钟
- 骑车 ☐ 分钟
- 自驾 ☐ 分钟
- 乘公交/地铁 ☐ 分钟

问题5：您希望此开放空间的类型是

- ○ 有简单体育锻炼器材的小型露天健身场所
- ○ 有简单设施的小型露天儿童活动场所
- ○ 有座椅、茶吧，可聊天，也可跳舞、打太极拳、散步、写地书的休闲广场
- ○ 纪念性强的景观广场
- ○ 有咖啡座、茶座的休闲街
- ○ 植被充裕、自然景观丰富的休闲公园
- ○ 以体育设施（篮球场、排球场、乒乓球场）、活动设施（如滑板场地、自行车场地）等为主的公园
- ○ 艺术气息浓的，有雕塑等人造景观的公园
- ○ 绿化步行道（汽车不能进入的以散步、跑步为主要活动的绿化道路）

下一页

公众参与城市开放空间系统规划问卷调查

问题6：您希望此开放空间中的主要设施是

☐ 简易健身器材
☐ 座椅
☐ 绿化
☐ 软质铺地
其他，请说明 ▢

问题7：您和家人希望见到已有开放空间的变化是什么？

☐ 增加设施维护、卫生管理
☐ 增加植被（景观）
☐ 增加活动项目或者节庆活动
☐ 提高安全性
☐ 控制狗等宠物的行为
☐ 增加活动设施（体育为基础）
☐ 增加其他设施（桌椅、亭阁等）

提交

图 5 - 14　OSPS 公众问卷示例

（来源：OPSP DEMO 软件截屏）

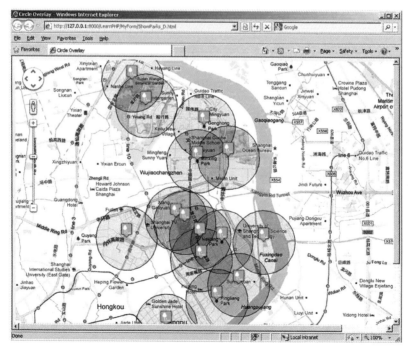

图 5 - 15　OSPS 公园现状服务缓冲区（Buffer）示例

（来源：OPSP DEMO 软件截屏）

同时,根据公众所在区域、动态生成缓冲区(Buffer),通过不同的灰度级别表示不同的公众选择度。下一步工作:将系统移植到移动设备上。基于 LBS(Location Based Service)思想、自动识别用户所处位置,将开放空间规划自动推送至客户端。

通过此多样客户端的界面设计,使使用者通过不同移动终端,如 iphone、ipad、Android、笔记本电脑等均能登录此系统,扩充其使用的便捷性和服务人群。

5.3.3　OSPS 操作进程

1. 软件用户——公众、规划师、政府决策者分析

同所有 PPGIS 系统一样,Web Based PPGIS 系统作为一个社会性工具,开放的公众参与、公众与政府规划的有效互动是设计的核心所在。系统按照三种不同的用户(公众、规划师和政府决策者),划分出不同的系统视图。不同角色登入系统之后,将自动切换到相应的功能视图,并在用户界面的引导下完成和系统的互动。主要描述公众的问卷视图、规划师的设计视图以及政府决策者的报表视图。

2. OSPS 的使用与城市开放空间规划进程、步骤、关键技术的对照关系

OSPS 是城市开放空间规划进程与步骤的体现和整合,是将规划纳入数据管理和操作的、面向智慧城市的模式。结合规划特征,可将 OSPS 分为三个进程:规划前、规划中和规划后。规划前包括 Pre 1、2、3 三个步骤,主要进行规划开展前的数据整合工作;规划中包括步骤 1—4,主要体现从需求调查到规划成稿的一系列过程;规划后包括 Pro 1—3,含规划成稿后的配套计划、实施和反馈。

表 5-21　OSPS 操作模式与规划进程、步骤、关键技术的对应关系

规定操作模式		OSPS 操作模式		
规划进程	规划步骤	OSPS 使用步骤	参与者	关键技术
第一阶段——现状资源评价和需求调查	步骤 1. 拟定规划范围、对象和参与机构	步骤 Pre 1. 各规划参与机构、组织联网	相关机构政府部门相关团体、组织	

规定操作模式		OSPS 操作模式		
规划进程	规划步骤	OSPS 使用步骤	参与者	关键技术
	步骤 2. 发展背景和现状 SWOT 分析	步骤 Pre 2. 各规划参与机构、组织数据资料提取、整合，形成数据报告、图	相关机构政府部门相关团体、组织	A1 基于 GIS 进行的区域发展和自然资源分析，重点为区域自然资源基础分析、相邻地区进行比对分析等
	步骤 3. 用 GRASP 法评估现存资源和设施	步骤 Pre 3. 工作人员开放空间现场调研资料汇总、录入，形成数据报告、图	调研小组规划师基层管理人员	A2 使用 GRASP 方法对现有开放空间游憩供给效能
	步骤 4. 调查、评估民众需求	步骤 1. 公众问卷	公众	A3 游憩需求调查
第二阶段——制定规划	步骤 5. 确立规划目标	步骤 2. 问卷数据汇总，形成报告；规划师、决策者调用数据报告	规划师决策者	
	步骤 6. 制定开放空间框架（类型和数量）	步骤 3. 问卷数据分析"转译"为对开放空间的需求，形成报告、图	规划师技术人员	A4 游憩需求"转译"
第三阶段——审批和调整	步骤 7. 编制规划	步骤 4. 规划师对第 Pre 2、3 与步骤 3 中的报告，图比对，拟定规划公众投票规划审批	规划师公众决策者	A5 "供给"与"需求"之间"差距"的解析和补充；注重居住区为基础的供给和与自然资源的联通
	步骤 8. 制定相应游憩服务供给、设施供给、维护、管理计划	步骤 Pro 1. 规划公布，向相关机构、产业、组织发布需求信息	规划师技术人员相关机构政府部门相关团体、组织	A6 用相应的规划方法，进行空间规划和管理策略，制定供给项目、实施计划

规定操作模式		OSPS 操作模式		
规划进程	规划步骤	OSPS 使用步骤	参与者	关键技术
第四阶段——工作内容公布、评估和反馈		步骤 Pro 2. 规划公布,公众意见反馈和公布	规划师决策者公众	
第五阶段——实施规划		步骤 Pro 3. 实施过程中意见反映,公众使用后评价和建议,数据汇总入库	公众规划师技术人员	

3. 各进程视图描述

1）步骤 1. 公众问卷填写

2）步骤 2. 问卷数据汇总

表 5 - 22　OSPS 问卷数据汇总示例（来源：OPSP DEMO 软件导出表）

游憩活动类型汇总		
活动类型	当前经常开展的活动	五年后经常开展的活动

各级开放空间户外活动频率调查表				
活动类型	空间类型	活动频率		
		日	周	月
主动活动	社区级			
被动活动	区级			
不怎么活动	市级			

各级需建设的开放空间重要性排序表			
区级、社区级开放空间地址	排　名	市级开放空间地址	排　名

需建开放空间类型表			
级　别	类　型	数　量	典型设施
社区级			
区级			
市级			

3）步骤 3. 问卷数据分析"转译"

表 5-23 **OSPS 问卷数据"转译"表示例**（来源：OPSP DEMO 软件导出表）

旧区人口年龄配比及所需开放空间类型表

人　群	人口数量	所需开放空间类型	比　例
婴幼儿			
少年			
中年			
青年			
老年			

依据活动类型预测可能增减的开放空间类型表

新增加活动类型	名　称	相应开放空间类型	新减少活动类型	名　称	相应开放空间类型

开放空间增减类型表

级　别	类　型	增　加	减　少
社区级			
区级			
市级			

各类开放空间 LOS 换算

级　别	类　型	RFS	RFD	MPSR	Minimum-Acre	LOS
社区级						
区级						
市级						

4）步骤 4."供需"比对

表 5-24 **OSPS 供需比对表示例**（来源：OPSP DEMO 软件导出表）

旧区现有开放空间类型表

级　别	类　型	数　量
社区级		
区级		
市级		

续　表

<table>
<tr><th colspan="4" align="center">开放空间增减类型表</th></tr>
<tr><th>级　别</th><th>类　型</th><th>增　加</th><th>减　少</th></tr>
<tr><td>社区级</td><td></td><td></td><td></td></tr>
<tr><td>区级</td><td></td><td></td><td></td></tr>
<tr><td>市级</td><td></td><td></td><td></td></tr>
</table>

<table>
<tr><th colspan="4" align="center">开放空间管理措施调整</th></tr>
<tr><th>级　别</th><th>类　型</th><th>应调整的开放时间</th><th>应调整的策略和措施(文件)</th></tr>
<tr><td>社区级</td><td></td><td></td><td></td></tr>
<tr><td>区级</td><td></td><td></td><td></td></tr>
<tr><td>市级</td><td></td><td></td><td></td></tr>
</table>

<table>
<tr><th colspan="5" align="center">开放空间管理措施现状</th></tr>
<tr><th>级　别</th><th>类　型</th><th>开放时间</th><th>管理措施</th><th>管理实效</th></tr>
<tr><td>社区级</td><td></td><td></td><td></td><td></td></tr>
<tr><td>区级</td><td></td><td></td><td></td><td></td></tr>
<tr><td>市级</td><td></td><td></td><td></td><td></td></tr>
</table>

5）步骤 Pro 1—3. 规划反馈

表 5 - 25　OSPS 公众反馈和评价表示例(来源：OPSP DEMO 软件导出表)

<table>
<tr><th colspan="5" align="center">公众规划投票</th></tr>
<tr><th rowspan="2">级　别</th><th rowspan="2">类　型</th><th colspan="3" align="center">评　价　等　级</th></tr>
<tr><th>差,不能实施</th><th>一般,修改后实施/
部分可先行实施</th><th>好,可以实施</th></tr>
<tr><td>所占比例</td><td></td><td></td><td></td><td></td></tr>
<tr><td>社区级</td><td></td><td></td><td></td><td></td></tr>
<tr><td>区级</td><td></td><td></td><td></td><td></td></tr>
<tr><td>市级</td><td></td><td></td><td></td><td></td></tr>
</table>

续　表

现状开放空间管理评价和建议					
级　别	类　型	评价等级	管理措施	管理实效	规划建议
		差,不能实施	一般,修改后实施/ 部分可先行实施	好,可以实施	
社区级					
区级					
市级					

规划实施过程中建议		
级　别	类　型	应调整的建议
社区级		
区级		
市级		

空间使用反馈		
级　别	类　型	对空间使用的评价和建议
社区级		
市、区级		

5.4　现行体系下的城市开放空间规划研究应用方向

5.4.1　国家战略制定

在快速城市化进程中,明确"生活品质—开放空间规划—游憩"三位一体的发展策略,通过城市开放空间的发展,使其成为中国建设"人文城市"的理念有城市空间层面的依托。

此外,世界卫生组织提倡的"人类的健康保障顺序首先应是预防保健,其次是基本医疗服务,最后才是住院和大病服务"正逐步成为我国政策制定的共识。

通过城市开放空间规划,可将"防"优于"治"的新理念和构建健康保障新体系,落实到城市居民开展多种形式的游憩活动的城市开放空间中;通过提供环境品质良好的、便捷好用的设施和开放空间,让城市居民走出户外,使游憩活动成为每日生活中的必需行为;通过提供给居民的健康生活空间,使居民身心更加健康,在健康的城市中愉悦、有尊严地生活。

5.4.2　现行相关规划内容、方法和标准调整的新思路

从游憩需求的角度出发,可通过相关空间规划和设计的标准细化,使空间所提供的服务更贴近需求。例如,在空间类型、规模、与居住区的距离、服务对象及场地设施设置相应指标进行规定,针对不同密度的城区,讨论服务半径的不同等。在定量指标设置中,注重从各地资源基础、现有空间使用情况、居民游憩需求特色出发,立足各城市特色,制定贴近需求现状的量化标准,使地方标准具备一定的弹性。可参照此标准制定方向,对现行居住区规划、绿地系统规划、公园设计标准,作进一步细化的考虑。

1. 绿地系统规划内容的完善

(1)绿地系统类型的拓展

详见中国城市开放空间分类,与现行城市绿地分类的对照。

(2)绿地规划内容[218]的补充参考

主要针对现行绿地系统的标准、规划方法、规划模式、管理策略提出一定的参考和调整建议,详见表 5-26 所示。

表 5-26　绿地系统规划调整建议

绿地系统规划内容	现　状	参　考　调　整
标准		
绿地系统分类	类型局限	中国城市开放空间分类
各级公园分配比例	无	上海市各级公园比例推算参考
公园绿地规划数量	人均(公园)绿地面积	上海市不同密度城区人均公园面积推算

续　表

绿地系统规划内容	现　状	参　考　调　整
服务半径制定依据	500—3 000 m,>3 000 m	以步行为基础的1 200 m服务半径;自行车行1 200 m—9 000 m服务半径和大于9 000 m的机动车服务半径的三重覆盖
公园设计	游憩设施、游憩空间类型和数量	活动密度　空间容量
游憩设施标准	体育设施标准	游憩设施类型和数量设置参考
规划方法		
生态	生态规划法、景观生态学方法、生态因子地图法、生态要素阈值法和信息技术应用	
游憩	游憩空间定额法(苏联)	系统规划法;LOS;GRASP
规划模式		
	8种基本模式:点状、环状、网状、楔状、放射状、放射环状、带状及指状	10类可参照模式;"星团"理论模式;"五维"综合模式
管理[219]		
公园管理	植被管理、设施维护、开放时间、大型活动管理、科技教育和管理等	游憩活动管理;活动地域组合;"昼夜半圈";可替代模式
公众参与、群众绿化	义务植树、花园式单位、绿化和各单位评比	城市开放空间规划软件平台
绿化网格化管理	投诉热线、"城管通"	集公众、规划师、决策者为一体的调查问卷、数据统计、计算机辅助规划、公众评价和意见反馈系统
城市园林绿化信息化管理	投诉、受理、办理、批复、统计、报表查询和归档	

（3）绿地系统规划文本的补充参考

对绿地系统规划文本、图表的补充建议主要体现在表5-27中。

表 5 - 27　城市绿地系统规划　城市开放空间
规划　文本对照　调整建议

城市绿地系统规划（GSP）	城市开放空间规划（OSP）	可参照补充的关键内容
文本		
一、总则	一、规划总述	拟纳入 GSP 第 1 章
包括规划范围、规划依据、规划指导思想与原则和规划期限与规模等	规划范围、区域层面自然资源分析、发展分析等	区域层面自然资源、环境分析；相邻地区资源共享分析
二、规划目标与指标	二、介绍	
	目的、规划、公共参与进程	公众参与进程
三、市域绿地系统规划	三、社区发展	拟纳入 GSP 第 1 章
阐明市域绿地系统规划结构与布局和分类发展规划，构筑以中心城区为核心、覆盖整个市域、城乡一体化的绿地系统	区域背景、社区历史、人口特征、成长和发展模式	城市发展区域背景；人口特征、发展和预测
四、城市绿地系统规划结构、布局与分区	四、环境因素汇总和分析	包括绿地系统之外的地质、土壤、水质、野生动植物和景观特征等环境要素分析
	地质、土壤和地形、景观特征	
五、城市绿地分类规划	五、保护和游憩利益土地列表	拟纳入 GSP 第 10 章
简述各类绿地的规划原则、规划要点和规划指标	私人部分、公众和非营利部分	商业运作、公益发展的协作关系
六、树种规划	六、社区目标	拟纳入 GSP 第 2 章
规划绿化植物数量与技术经济指标	程序描述、开放空间和游憩项目发展目标拟定	规划目标和相关指标拟定依据
		拟纳入 GSP 第 2 章
七、生物多样性保护与建设规划	七、需求分析	需求调查数据报告分析
包括规划目标与指标、保护措施与对策	资源保护需求总结、社区需求总结、管理需求、潜在使用变化	

城市绿地系统规划（GSP）	城市开放空间规划（OSP）	可参照补充的关键内容
八、古树名木保护	八、目标和对象	
古树名木数量、树种和生长状况		
九、分期建设规划	九、五年实施规划	
分近、中、远三期规划，重点阐明近期建设项目、投资与效益估算		
十、规划实施措施	十、公共评论	拟纳入 GSP 第 9 章
包括法规性、行政性、技术性、经济性和政策性等措施		公众对规划的评论和意见反馈
十一、附录	十一、参考文献	规划进程关键数据的来源依据；公众意见
图表		
城市区位关系图	区域规划背景图	
城市综合现状图	环境图	
建成区现状图	分区图	
市域大环境绿化规划图	土壤和地理特征图	
古树名木和文物古迹分布图	资源特征图	
规划总图	水资源图	
绿地分类规划图：包括公园绿地、生产绿地、防护绿地、附属绿地和其他绿地规划图	开放空间清单列表图	根据文本调整操作拟定和调整
近期绿地建设规划图	实施规划图	
城市绿地现状分析图	当前土地利用	
各类绿地现状图	现存设施	
	最大限度的外接分区	
	植物和野生动物栖息地	
	面对的环境挑战	
	历史社区图	
	人口特征	

2. 相关标准的补充

城市开放空间规划的研究对风景园林技术标准体系和风景园林产品标准体系均有一定程度的参考价值(表 5 - 28)。此外,从居民游憩使用角度出发,对疾病的防治、康复空间的塑造均会带来新的研究视角。

表 5 - 28　风景园林技术标准体系和研究成果应用
对照[210](来源:以原表为基础绘制)

标　准　名　称	状态	城市开放空间规划研究与 内容关联的可能性
风景园林技术标准体系表		
风景园林技术规范	待编	相关
风景园林基本术语标准	修订中	相关
城市绿地分类标准	现行	相关
公园绿地设计规范	修订中	相关
城市园林绿化评价标准	现行	
城市绿地设计规范	现行	相关
区域风景与绿地系统规划规范	待编	相关
城市绿地规划规范	制定中	相关
居住绿地设计规范	待编	相关
城市道路绿化规划设计规范	现行	
城市园林绿化管理信息技术规范	待编	相关
风景园林产品标准体系表		
标　准　名　称	状态	城市开放空间规划研究 内容关联的可能性
7.1.2　分类标准		相关
7.1.2.0.1　公园分类分级	待编	相关
7.2.4　养护管理		
7.2.4.0.8　园林绿地设施管理要求	待编	
7.2.5　服务管理		
7.2.5.0.1　园林绿地统计标准	待编	
7.2.5.0.2　公园管理服务标准	待编	相关
7.2.5.0.5　风景园林数据库技术要求	待编	相关

5.4.3 智慧城市中的数字化规划和管理手段

1. 全国网络系统和数据库

随着"智慧城市"建设的兴起,OSPS 的研发,可探索开展"公众参与＋计算机辅助规划＋规划数据库建设和管理"的新模式。以规划数据库的建立、网络平台的建构,为公众参与提供更便捷的渠道,为规划者和决策者提供了更高效的数据采集统计、分析工具。数据库对各次规划过程的记录、搜集、存档和处理,对相关规律、模式的演变和提取,可为今后的规划提供参考,作为保障规划科学性的前提。

2. 各规划数据库的管理和应用

将国际和国内相关部门网络管理与 OSPS 相结合,能更便捷地分享各地规划经验、建设成果。将各部门管理政策和措施的出台与公众参与平台相连接,提供了更广泛的规划依据来源。例如,对上海市绿化网格化管理城市园林绿化信息化管理的建设具备一定价值。

本 章 小 结

在顶层设计部分,本章对推进此类规划的背景、利弊、关键之处以及面临的主要障碍进行分析,并针对我国当前机构、政策、法令、行业标准和社会团体的整合进行了构想。

在理论、案例、实证研究基础上,本章对规划中的关键技术展开了探索,集中体现在规划应用的量化标准、空间特性、规划模式中,具体体现为 A1:基于 GIS 的区域发展背景分析;A2:使用 GRASP 方法对现有开放空间游憩供给效能进行评价;A3:游憩需求调查;A4:游憩需求"转译";A5:"供给"与"需求""差距"的解析、补充和与自然资源的再联通;A6:空间规划和管理策略、供给项目、实施计划制定。本章参照我国相关规划文本,以及美国、英国、新加坡和日本等开放空间相关文本,对规划进程、步骤、文本构成进行了整合设计;此外,还使用 OSPS 软件平台将规划进程、文本、关键技术进行智能化设计。

第6章
研究结论与展望

6.1 研 究 结 论

本书的主要观点和研究结论如下：

（1）满足居民游憩需求的城市开放空间可提升居民生活品质

以城市居民日常生活为研究基础，以游憩理论为切入点研究城市开放空间规划，凸显了本研究的独特性。

"生活品质—开放空间规划—游憩"三位一体的规划理念已在国际不同机构对城市生活质量的评价标准中得以体现。本书通过阐述游憩需求在人生活品质中的重要作用，从游憩需求是人的基本需求的角度展开论述。强调游憩需求得到满足是人类健康的基础，健康是人生活品质的决定因素。本书重点将游憩需求、生活质量和与其相关联的开放空间、游憩设施联系起来，将城市开放空间作为游憩需求的重要空间载体。

基于理论部分关于游憩需求与城市生活品质的论述，以及供需关系的剖析，本书进行了上海徐汇滨江和苏家屯路开放空间案例实证研究。通过实证空间对居民游憩活动、体验需求的满足，阐述了案例空间符合游憩供需关系。根据两个案例空间对居民生活品质的提升，验证该理论主张在上海的可靠性。对实证空间满足居民游憩需求的考核方面主要包括：可达性供给和居民使用情况，设施、空间满足相应活动类型需求，以及管理措施对使用需求的满足，各类空间要素对游憩体验的供给和居民得到的游憩体验的满足等。

（2）基于游憩供需关系可寻求城市开放空间规划方法

从本书城市开放空间规划理论关于开放空间标准研究，以及美国开放空间规划方法的研究中，可得出结论：游憩供需关系是城市开放空间规划的方法论内核。

本书通过上海案例研究，从城市开放空间类型、数量、管理三个方面，对规划方法进行了探索。在空间类型方面，通过建立需求和空间设施之间一对一，或一对多的供需关系，查询居民游憩需求和现有设施、开放空间类型的差距，使新建资源类型更大程度地满足居民游憩需求。在量化标准方面，使用 LOS 作为计算方法，依据上海居民游憩频率和公园游客量，对拟满足上海居民游憩需求的公园数量进行了预测，检验了在上海城市用地所占比例中的合理性。在管理措施方面，基于上海居民游憩需求问卷调查结果，将居民期待提高的管理与管理现状进行了比对，对需改善的方面进行了总结。

（3）基于居民生活可探索中国城市开放空间规划模式

本书从理论分析角度，预测了基于居民生活开展中国城市开放空间规划模式的两个切入点：一、时间地理学视角的对于微观个体行为的研究，发掘居民日常游憩行为的时空特征；从研究生活路径角度，发现居民的户外游憩行为和城市开放空间之间的关系。二、人类学视角的不同时间取向状态下，对居民产生的空间偏好特性的规律进行总结和提升，最终寻求适合该种族特性的规划模式。

文章基于理论研究，通过上海案例研究实践，探索出供需、协调和理想三类城市开放空间规划模式。

一、供需模式侧重满足已表现出的，可通过调查得到的居民游憩活动的基本需求。核心是使用开放空间"转译"方法，进行从活动类型到空间、设施类型的转换；从活动频率到空间数量的计算；以及从管理需求到管理措施的转换。

二、多维度模式侧重激发潜在游憩需求。由于本书研究的局限性，该模式主要以满足上海高密度城区社区居民游憩需求的"多维度"空间供给模式的开放空间发展模式为代表。该模式主要分为：游憩活动组合基础上的城市开放空间配置；"昼夜半圈"以及社区开放空间高效使用模式。

三、理想模式侧重通过游憩需求和体验质量的提升，改善居民的生活方式。该模式建立在以人性化尺度的社区为主导，提倡步行和公共交通出行的生活方式基础上，因此，是本书尝试描绘的理想生活图景。该模式以 Uranus 结构为主体，内容为：在城市居民每日—每周—每月的游憩需求特征基础上，供给相应的日常游憩—周末游玩—短期出游的特色开放空间。Uranus 保证不同社区、区游憩空间的独特性，并建立起不同层级空间之间便捷的以公共交通、步行、自行车行为主导的慢行系统联系。该模式以居民生活、游憩活动偏好为基础，凸显空间特色，促进居民健康出行和交往，保存城市创新力，提升城市魅力和活力；在保存城市居民生活状态的可持续发展基础上，促进人居环境的和谐共生。

（4）基于游憩理论可探索中国城市开放空间规划导则和关键技术

基于文章研究得出的城市开放空间规划方法、中国城市居民空间使用特性和偏好以及规划模式，本书对规划中所需的关键技术进行了研究。将美国为代表的，城市开放空间规划导则文本作为参照；结合欧洲、澳洲、加拿大及东南亚国家和地区相关导则，对中国城市开放空间规划导则进行了初步探索。文章使用公众参与城市开放空间规划软件 OSPS 将关键技术、规划进程、导则等进行集合，成为便于推广和试行的规划平台。

本书通过探索中国城市开放空间规划顶层设计，尝试构想城市开放空间系统规划在中国推进的社会环境。本书尝试分析了当前和远期此类规划推进的主要障碍，从国家机构、政策、法令制定、公益组织和社会团体协作两个部分，论述在理论上构建"从上至下"的城市生活品质保障和"从下自上"的公众参与体系。

中国城市开放空间规划导则和关键技术主要包括五个主要规划进程、八个规划制定步骤和六个规划关键技术。五个主要规划进程包括研究现状资源评价和需求调查、制定规划、审批和调整、工作内容公布、评估和反馈及实施规划。六个规划关键技术方向包括：基于 GIS 的区域发展背景分析，使用 GRASP 方法对现有开放空间游憩供给效能进行评价，游憩需求调查，游憩需求"转译"，"供给"与"需求"差距的解析、补充和与自然资源的再联通、空间规划和管理策略、供给项目、实施计划制定。

中国城市开放空间规划文本框架的研究体现在规划进程、内容框架和文本要求、分类、量化指标四部分。

中国城市开放空间规划软件 OSPS（Open Space Plan System）使用 JavaScript 编程语言，database，google maps API，通过对软件的系统架构，实现政府、规划师、公众不同角色在规划不同阶段和方面应起到的作用。

文章还对该导则和关键技术与现行相关规划体系的融合进行了考虑。

6.2　创　新　点

（1）基于游憩供需关系，探索城市开放空间规划方法

基于"游憩供需关系是城市开放空间规划的方法论内核"研究结论，本书通过上海案例研究，从城市开放空间类型、数量、管理三个方面，对规划方法进行了探索。本书通过徐汇滨江开放空间和苏家屯路实证空间中，游憩供需关系的平

衡,对使用者生活品质起到的提升作用,尝试验证该理论主张在上海的实用性和可靠性。

(2)"多维度"模式:高密度社区开放空间规划新模式

从中国大城市居民游憩行为"多维度时间取向"产生的新视角出发,结合现象学研究方法,从上海中心城区居民开放空间使用偏好角度,探索出的"多维度"规划模式。本书还通过上海苏家屯路"多维度"空间供给模式特点,激发了居民游憩活动的产生,提升了生活品质的调查结论,验证了该模式的可行性。

"多维度"模式来源于上海和三个北美城市居民空间偏好的比较,体现了对在"多维度时间取向"模式引导下的上海城市居民游憩偏好的关注。该模式下分为空间多维、时间多维、时空多维三类模式。分模式下属相应的分项为:空间多维模式分项1——空间替换,分项2——游憩活动组合基础上的城市开放空间配置;时间多维分项:时段交替;时空多维模式分项1——"昼夜半圈",分项2——共用模式。特色分项代表性内容表现为:基于"一日生活事件"的,集社区空地、公园、广场、户外体育场、街道、集市和商业空间等为一体的户外步行生活圈;以及以不同活动时间段为基础的,"昼夜半圈"管理模式、高密度场地利用集约模式和可替代的开放空间使用模式等。该模式是西方开放空间规划的新视角,为高密度城市发展中的城市开放空间规划新模式提供了探索方向。

6.3 引申与研究展望

基于本书研究结论,在以下几方面可开展进一步探索:

(1)供需模式和多维度模式的深化研究

关于"逆转译"模式的探索。文中涉及的"转译"理论模式概述了游憩活动→空间,游憩活动→时空,游憩体验→空间,游憩活动→设施,游憩活动→管理中存在的规律。其中,若从空间对居民游憩需求的影响,以及新游憩需求的培养和激发,即可能产生的,由空间→游憩活动,空间→游憩体验等体现出的"逆转译"("映射")规律总结和模式展开探索。对进一步提升开放空间品质,明确空间通过居民游憩活动、体验的激发和改变,对居民生活品质的提升的内在机制研究,可奠定更加深入的理论基础。

关于"多维度"空间供给模式基础上的 LOS 修正系数研究。通过上海城市居民游憩需求调查和开放空间使用偏好调查,对"多维度"空间供给模式的总结,为开放空间使用效率提升提供了发展方向。以苏家屯路为典型案例的空间特征显示：同一空间在不同时段内对游憩活动类型的供给，同一空间在同时段内对不同游憩活动类型的供给，都具备典型的"多维度"空间高效利用特征。若能通过多个高效使用典型空间的调查和监测，发现其内在规律，作为以同一空间仅进行一类游憩活动为基础的 LOS 计算方法的改良，进而提出 LOS 修正系数；并针对不同开放空间类型提出不同的 LOS 修正系数参照范围，将成为中国城市居民游憩需求的空间量化研究的有效延伸。

关于游憩体验空间信息表达与使用者感知。从游憩体验→空间关系引申出的，对使用者游憩体验的深入研究，集中体现在：对开放空间中传达的游憩体验信息进行解析，对其传递媒介进行捕捉；分析出使用者如何通过空间信息的体验，改善情绪、提升生活满意度三方面。可采用实验室仿真技术，对空间特性进行模拟，并通过对使用者身心指标监测，获取直接数据信息。此研究可为量化空间游憩体验信息，捕捉提升居民良性生活状态的开放空间方法，提供实验支持。

（2）以 OSPS 为代表的规划关键技术结合规划实践的实验性研究

尝试在现有城市开放空间规划规划中，采用 OSPS 系统，开展居民游憩需求数据采集，"转译"为开放空间类型、结构、量化等作为基础数据支撑，为规划操作提供参照性建议。通过案例实践、案例实施效果反馈，可以实现对规划理论的验证，若不断积累实践案例，将能实现对理论、导则、软件的完善和提升；并能通过案例实践的实验性研究，探索、思考开放空间规划与现行中国城市规划体制、相关规划的融合。但由于选择中国城市开放空间系统规划的进程时间跨度较长，包括现有设施和空间的使用情况、居民需求调查需要政府牵头、专业团队跟进和相关部门配合。鉴于博士学习阶段时间、精力、资金和社会资源使用效度有限，未实现案例实践的实验性研究，以及应用理论和 OSPS 技术的验证和软件系统试运行。

（3）前景展望

中国城市开放空间规划应适合中国发展国情，特别是中国城市居民的游憩需求。游憩理论是可指导此规划研究的有效途径。基于游憩理论的开放空间规划，涉及公众参与、行为模式调查、现有设施使用情况调查、配套项目策划、人员指导及输送计划等，是一个联系国家宏观发展策略以及民生需求、融合产业投资、配套服务项目和人员配置的沟通媒介。在西方国家开放空间规划已日趋成熟，并融入其社会管理方案的发展背景下，中国独特的"catch-up effect"优势，使中国城市开放空间规划也能更好地结合国家健康战略、"人性化"城市、"智慧城市"建设契机落实到每个城市的空间规划、设计中。使建设人文城市的理念通过尊重当地居民的生活、通过提供切合不同城市特色居民的生活方式的健康、舒适、符合人性的开放空间落实到城市建设中,体现中国城市的地方性和文化特性,提高城市居民生活品质,最终创造值得期待的更好的中国式城市生活。基于中国居民生活方式和高密度城市环境中产生的,符合中国城市居民价值观的城市开放空间系统,将成为提升居民生活品质的源泉。

参考文献

［1］ 我国进城市病爆发期，GDP 与幸福感背道而驰［EB/OL］.［2010 - 10 - 9］.网易新闻，http://news.163.com/10/1009/08/6IHPQFAO00014AEE.html.

［2］ 李德华.城市规划原理［M］.北京：中国建筑工业出版社，2001.

［3］ 张然.社科院蓝皮书称大城市步入"城市病"爆发期［EB/OL］.［2012 - 2 - 10］.http://finance.people.com.cn/GB/70846/17076864.html.

［4］ 中国集体城市病！谁在掌控城市？［EB/OL］.［2010 - 10 - 26］.游憩中国网，http://www.u7cn.net/News/edu_view.asp? id=439.

［5］ 缪朴.谁的城市？图说新城市空间三病［J］.时代建筑，2007(1)：5 - 13.

［6］ 南风窗.救救我们的城市［EB/OL］.［2011 - 4 - 7］.网易新闻，http://focus.news.163.com/11/0407/18/712CSAB900011SM9.html.

［7］ 成思危.21 世纪中叶闲暇时间有望达到 50%［EB/OL］.［2009 - 10 - 27］.中国经济导报，http://www.ceh.com.cn/ceh/shpd/2009/10/27/54841.shtml.

［8］ 王琪延.中国大城市将首先进入休闲经济时代［J］.学习论坛，2004，20(7)：46 - 50.

［9］ 楼嘉军，徐爱萍.试论休闲时代发展阶段及特点［J］.旅游科学，2009，23(1)：61 - 66.

［10］ 吴承照.现代城市游憩规划设计理论与方法［M］.北京：中国建筑工业出版社，1998.

［11］ 中国城市规划设计研究院，等.城市规划资料集(第一分册)总论［M］.北京：中国建筑工业出版社，2003：5 - 6.

［12］ 中国城市规划设计研究院，等.城市规划资料集(第一分册)总论［M］.北京：中国建筑工业出版社，2003：48.

［13］ 建设部城市规划司.中华人民共和国城市规划法解说［M］.群众出版社，1990.

［14］ 郑曦，孙晓春.构筑融入市民生活的城市绿地空间网络［J］.国际城市规划，2007，22(1)：90 - 93.

［15］ 郑烨琳.城市公园化不等于绿色城市［EB/OL］.［2011 - 4 - 7］.中国经济网，http://www.chinacity.org.cn/cshb/cssy/68757.html.

［16］ 尹海伟.城市开敞空间——格局·可达性·宜人性［M］.南京：东南大学出版社，

2008：9.

[17] Tom T. Open space planning in London from standards per 1,000 to green strategy [J]. Town Planning Review，1992(63)：365 - 386.

[18] N·J·格林伍德. 人类环境和自然系统[M]. 刘之光,等,译. 北京：化学工业出版社,1987.

[19] Planning Policy Guidance 17. Planning for open space，sport and recreation Annex Definitions[R/OL]. [1991]. http://www. leics. gov. uk/ppg17_planning_for_open_space_sport_and_recreation_2002. pdf.

[20] Urban open space[EB/OL]. http://en. wikipedia. org/wiki/Urban_open_space.

[21] Michael D, Fay D A. Planners dictionary-planning advisory service report number 521/522[M]. American Planning Association, Planning Advisory Service in Chicago, IL, 2004.

[22] 尹海伟. 城市开敞空间——格局·可达性·宜人性[M]. 南京：东南大学出版社,2008.

[23] 尹海伟. 城市开敞空间——格局·可达性·宜人性[M]. 南京：东南大学出版社,2008：19 - 21.

[24] 《日英汉土木建筑词典》编委会. 日英汉土木建筑词典[M]. 北京：中国建筑工业出版社,东京：日本东方书店,2008：130,262,452.

[25] Open Space Plan [EB/OL]. http://www. anjec. org/pdfs/OpenSpacePlan. pdf.

[26] Tseira M, Irit Amit-Cohen. Open space planning models：A review of approaches and methods[J]. Landscape and Urban Planning，2007(81)：1 - 13.

[27] Roger N C, George H S. The Recreation Opportunity Spectrum：A Framework for Planning，Management，and Research[R]. U. S. Department of Agriculture Forest Service，Pacific Northwest Forest and Range Experiment Station. General Technical Report PNW - 98 December 1979.

[28] Clare A G, Turgut V. Tourism Planning Basics，Concepts，Cases (Fourth Edition) [M]. Routledge Talor & Francis Group，1993.

[29] 王晓俊. 基于生态环境机制的城市开放空间形态与布局研究[D]. 南京：东南大学,2007.

[30] 《日英汉土木建筑词典》编委会. 日英汉土木建筑词典[M]. 北京：中国建筑工业出版社,东京：日本东方书店,2008：1027,262.

[31] Roger L M, Driver B L. Introduction to outdoor recreation providing and managing natural resource based opportunities[M]. Venture Publishing, Inc. State College, Pennsylvania, 2005.

[32] Michael D, Fay D. A planner's dictionary[M]. American Planning Association,

Planning Advisory Service,2004.

[33] 游憩学.[EB/OL]. http://baike. baidu. com/view/2826192. htm.

[34] 冯维波. 城市游憩空间分析与整合研究[D]. 重庆：重庆大学建筑城规学院,2007.

[35] 张广瑞,宋瑞. 关于休闲的研究[J]. 社会科学家,2001(5)：3.

[36] Michael D, Fay D. A planner's dictionary[M]. American Planning Association, Planning Advisory Service,2004.

[37] 冯维波. 城市游憩空间分析与整合研究[D]. 重庆：重庆大学建筑城规学院,2007.

[38] 薛莹. 欢娱与城市：古代和中世纪西方城市[M]. 南京：东南大学出版社,2008.

[39] 刘易斯·芒福德. 城市发展史——起源、演变和前景[M]. 宋俊岭,倪文彦,译. 北京：中国建筑工业出版社,2005：273.

[40] 贝纳沃罗,薛钟灵,等. 世界城市史[M]. 科学出版社,2000.

[41] 威尔·杜兰. 世界文明史：恺撒与基督[M]. 幼师文化公司,译. 北京：东方出版社, 1999：314 - 315.

[42] 刘易斯·芒福德. 城市发展史——起源、演变和前景[M]. 宋俊岭,倪文彦,译. 北京：中国建筑工业出版社,2005：446.

[43] 刘易斯·芒福德. 城市发展史——起源、演变和前景[M]. 宋俊岭,倪文彦,译. 北京：中国建筑工业出版社,2005：309 - 310.

[44] 刘易斯·芒福德. 城市发展史——起源、演变和前景[M]. 宋俊岭,倪文彦,译. 北京：中国建筑工业出版社,2005：577.

[45] 刘易斯·芒福德. 城市发展史——起源、演变和前景[M]. 宋俊岭,倪文彦,译. 北京：中国建筑工业出版社,2005：409.

[46] 刘易斯·芒福德. 城市发展史——起源、演变和前景[M]. 宋俊岭,倪文彦,译. 北京：中国建筑工业出版社,2005：387 - 388.

[47] 张京祥. 西方城市规划思想史纲[M]. 南京：东南大学出版社,2005：79.

[48] John W R. The making of urban America：A history of city planning in the United States[M]. Princeton：Princeton University Press,1965：160 - 161.

[49] 张京祥. 西方城市规划思想史纲[M]. 南京：东南大学出版社,2005：79.

[50] Seymour M, Gold Ph. D. Urban Recreation Planning[J]. American Physical Education Review,1973,44(5).

[51] Burt S. New federal programs may strengthen effort to guard environment[J]. Wall Street Journal,1970：1.

[52] Rutherford H P. From commons to commons：Evolving concepts of open space in North American cities[M]//Platt R, Muick P C. The Ecological City University of Massachussets Press,1994.

[53] Rutherford H P. Thorn creek woods：The place and the controversy[Z]. Unpublished

manuscript，November 1974.

[54] Ebenezer H. Garden cities of tomorrow［M］. Cambridge：MIT Press，1899/ 1965：255.

[55] Rutherford H P. From commons to commons：Evolving concepts of open space in North American cities［M］//Platt R，Muick P C. The Ecological City University of Massachussets Press，1994.

[56] Catharine W T. Urban open space in the 21st century［J］. Landscape and Urban Planning，2002(60)：59 - 72.

[57] London Strategic Parks Project Report［R/OL］.［2004］. http：//legacy. london. gov. uk/mayor/planning/parks/index. jsp.

[58] Huber P R，Shilling F，Thorne J H. Municipal and regional habitat connectivity planning［J］. Landscape and Urban Planning，2012，105(1 - 2)：15 - 26.

[59] Ignatieva M，Stewart G H，Meurk C. Planning and design of ecological networks in urban areas ［J］. Landscape and Ecological Engineering，2011, 7(1)：17 - 25.

[60] Tseira M，Irit Amit-Cohen. Open space planning models：A review of approaches and methods［J］. Landscape and Urban Planning，2007(81)：1 - 13.

[61] Tom T. Open Space Planning in London From Standards per 1,000 to green strategy ［J］. Town Planning Review，1992(63)：365 - 386.

[62] Tom T. Greenway planning in Britain：recent work and future plans［J］. Landscape and Urban Planning 76（2006）：240 - 251.

[63] Ex, Lindsay. The state of integrated open space planning：Toward landscape integrity? ［D］. M. L. A. Utah State University，2010.

[64] Hayden, Elizabeth G. Connecting fragmented landscapes and policies：Green infrastructure in Connecticut［D］. Tufts University，2007.

[65] Wang, Zhifang. Planning for open space conservation：Using GIS to match cultural values and ecological quality of open spaces［D］. University of Michigan，2008.

[66] Erickson D L. The relationship of historic city form and contemporary greenway implementation：a comparison of Milwaukee, Wisconsin（USA）and Ottawa，Ontario （Canada）［J］. Landscape and Urban Planning，2004,68(2)：199 - 221.

[67] Lee, Se-Jin. Information search and decision making in the election processes［D］. The University of Texas at Austin，2004.

[68] Bailkey M. A study of the contexts within which urban vacant land is accessed for community open space（Massachusetts, Pennsylvania, Wisconsin）［D］. The University of Wisconsin-Madison，2003.

[69] 加文,贝伦斯等. 城市公园与开放空间规划设计［M］. 李明,胡迅,译. 北京：中国建筑

工业出版社,2007.

[70] Megan L. From recreation to re-creation: New directions in parks and open space system planning[M]. American Planning Association (Planners Press): 2008.

[71] Jack H. Planning for recreation and parks facilities: Predesign process, principles and strategies[M]. Venture Publish: 2009.

[72] Charles E L. Greenways for America-creating the North American landscape [M]. The Johns Hopkins University Press: 1995.

[73] 弗林克,罗伯特,西恩斯,等. 绿道规划·设计·开发[M]. 北京:中国建筑工业出版社,2009.

[74] Jane H A (Editor). California park and recreation society, creating community: An action plan for parks and recreation [M]. California Park & Recreation Society, 2007.

[75] Mark F. Urban open space: Designing for user needs[M]. Island Press, 2003.

[76] 阿兰·B. 雅各布斯. 伟大的街道[M]. 王又佳,金秋野,译. 中国建筑工业出版社,2009.

[77] 尹海伟. 城市开敞空间——格局·可达性·宜人性[M]. 南京:东南大学出版社,2008.

[78] Veal A J. Open space planning Standards in Australia: in Search of Origins. School of Leisure, Sport and Tourism Working Paper 5[G]. Lindfield, NSW: University of Technology, Sydney, 2008.

[79] James O M, James R H, Co-task F C. Park, Recreation, Open Space and Greenway Guidelines[M]. NRPA Publication, 1995.

[80] Field in Trust. Planning and design for outdoor sport and play (supersedes all previous editions of "The Six Acre Standard", the last of which was published in 2001.)[M]. Fields in Trust, 2008.

[81] 扬·盖尔. 人性化的城市[M]. 欧阳文,徐哲文,译. 北京:中国建筑工业出版社,2010.

[82] 扬·盖尔. 交往与空间[M]. 4版. 何人可,译. 北京:中国建筑工业出版社,2002.

[83] 扬·盖尔,拉尔斯·吉姆松. 公共空间? 公共生活[M]. 汤羽扬,王兵,戚军,译. 北京:中国建筑工业出版社,2003.

[84] 缪朴. 亚太城市的公共空间——当前的问题与对策[M]. 司玲,司然,译. 北京:中国建筑工业出版社,2007.

[85] Rogers R, et al. Towards an Urban Renaissance: Final Report of the Urban Task Force Chaired by Lord Rogers of Riverside [M]. London: Department of the Environment, Transport and the Regions, 1999, 147.

[86] Timperio A, Ball K, Salmon J, et al. Is availability of public open space equitable across areas? [J]. Health & Place, 2007, 13(2): 335-340.

［87］ Erik N，Michinori U，Stephen P. Voting on open space：What explains the appearance and support of municipal-level open space conservation referenda in the United States? ［J］. Ecological Economics，2007，62(3－4)：580－593.

［88］ Belinda Y，Wong N H. Resident perceptions and expectations of rooftop gardens in Singapore［J］. Landscape and Urban Planning，2005，73(4)：263－276.

［89］ Maureen E A. Resident perspectives of the open space conservation subdivision in Hamburg Township，Michigan［J］. Landscape and Urban Planning，2004，69(2－3)：245－253.

［90］ Paul H G，Susan I S，David N B. The social aspects of landscape change：protecting open space under the pressure of development［J］. Landscape and Urban Planning，2004，69(2－3)：149－151.

［91］ 吴必虎,董莉娜,唐子颖. 公共游憩空间分类与属性研究［J］. 中国园林,2003(4)：48－50.

［92］ 苏伟忠. 城市开放空间的理论分析与空间组织研究［D］. 开封：河南大学,2002：33－70.

［93］ 郑曦,李雄. 城市开放空间的解析与建构［J］. 北京林业大学学报（社会科学版）,2004,2：13－18.

［94］ 王绍增,李敏. 城市开敞空间规划的生态机理研究［J］. 中国园林,2001(4)：5－9.

［95］ 王绍增. 我国城市规划必须走旷地优先的道路［J］. 中国园林,1999(3)：54－56.

［96］ 王发曾. 论我国城市开放空间系统的优化［J］. 人文地理,2005(2)：3－7.

［97］ 王发曾. 开封市生态城市建设中的开放空间系统优化［J］. 地理研究,2004,3.

［98］ 解伏菊,胡远满,李秀珍. 基于景观生态学的城市开放空间的格局优化［J］,重庆建筑大学学报,2006,6.

［99］ 司马宁. 基于生态观的鄂尔多斯市城市开放空间系统研究［D］. 西安：西安建筑科技大学,2007,8.

［100］ Megan L. From recreation to re-creation：New directions in parks and open space system planning［M］. American Planning Association (Planners Press)：2008.

［101］ Jack H. Planning for recreation and parks facilities：Predesign process，principles and strategies［M］. Venture Publish：2009.

［102］ 全国城市规划职业制度管理委员会编. 城市规划原理［M］. 北京：中国建筑工业出版社,2000.

［103］ James O M，James R H，Co-task F C. Park，Recreation，Open Space and Greenway Guidelines［M］. NRPA Publication，1995.

［104］ Megan L. From recreation to re-creation：New directions in parks and open space system planning［M］. Planning Advisory Service Publication (Planners Press)，2008.

［105］ 亚历山大·加文,盖尔·贝伦斯,等.城市公园与开放空间规划设计［M］.李明,胡迅,译.北京：中国建筑工业出版社,2006.

［106］ Jane H. Adams, MS, CPRS, California Parks and Recreation Society, Creating Community_ An action plan for parks and recreation［M］. Human Kinetics, 2008.

［107］ 洛林·LaB.施瓦茨,查尔斯·A.弗林克,罗伯特·M.西恩斯.绿道规划设计开发［M］.余青,柳晓霞,陈琳琳,译.北京：中国建筑工业出版社,2009.

［108］ 杨晓春,司马晓,洪涛.城市公共开放空间系统规划方法初探——以深圳为例［J］.规划师,2008(24)：24－27.

［109］ 杨晓春,洪涛.城市公共开放空间系统规划的再思考——从深圳到杭州［J］.世界建筑导报,2009(24)：100－103.

［110］ Nevitt D A. Demand and need［M］//H. Heisler（ed.）. Foundations of Social Administration. London：Macmillan, 1977.

［111］ Veal A J. Leisure and the concept of need：UTS School of Leisure, Sport and Tourism Working Paper 14［Z］. University of Technology, Sydney, William L, 2009, 90－91.

［112］ 马欣.基于市民需求的城市游憩空间结构研究［D］.北京：北京第二外国语学院,2006.

［113］ 吴承照.现代城市游憩规划设计理论与方法［M］.北京：中国建筑工业出版社,1998.

［114］ 史密斯.游憩地理学：理论与方法［M］.吴必虎,等,译.高等教育出版社,1992.

［115］ Godbey G. Leisure in your life: New perspectives［M］. 4 Edition. State College, PA：Venture, 1990：262.

［116］ Veal A J. Leisure and the Concept of Need：UTS School of Leisure, Sport and Tourism Working Paper 14［Z］. University of Technology, Sydney, William L, 2009：90－91.

［117］ William L L, David J R, Ardeshir B D, et al. Managing for Healthy Ecosystems［M］. Qualset CRC Press, 2002.

［118］ Budruk M, Phillips R. Quality-of-Life Community Indicators for Parks, Recreation and Tourism Management Series［J］. Social Indicators Research Series, 2011, 43：230.

［119］ WHOQOL. Measuring Quality of Life, World Health Organization 1997［R/OL］. www. who. int/mental_health/media/68. pdf.

［120］ Robert W M,严小婴.衡量世界大都市的生活质量——底特律经验［J］.建筑学报,2007(2)：9－13.

［121］ 中国城市生活质量评价指标体系［J］.中国城市报道,2005,8(34)：13.

［122］ Budruk M, Phillips R. Quality-of-Life Community Indicators for Parks, Recreation and Tourism Management Series[J]. Social Indicators Research Series，2011：28‐29.

[123] Geoffery W. Outdoor Recreation in Canada[J]. John Wiley and Sons，1990.

[124] 史密斯.游憩地理学：理论与方法[M].吴必虎，译.北京：高等教育出版社.

[125] 吴必虎.大城市环城游憩带(ReBAM)研究——以上海市为例[J].地理科学，2001(4)：354‐359.

[126] 吴承照.游憩效用与城市居民户外游憩分布行为[J].同济大学学报，1999，27(6)：719‐722.

[127] 李峥嵘,柴彦威.大连城市居民周末休闲时间的利用特征[J].经济地理，1999，19(5)：80‐84.

[128] 王云才.略论大都市郊区游憩地的配置——以北京市为例[J].旅游学刊，2000(2)：54‐58.

[129] 冯维波.城市游憩空间分析与整合研究[D].重庆：重庆大学建筑城规学院，2007，9：81.

[130] 吴承照.现代城市游憩规划设计理论与方法[M].北京：中国建筑工业出版社，1998.

[131] 吴必虎.区域旅游规划原理[M].北京：中国旅游出版社，2001.

[132] 俞晟.城市旅游与城市游憩学[M].上海：华东师范大学出版社，2003.

[133] 黄家美.城市游憩空间结构研究——以扬州市为例[D].合肥：安徽师范大学，2005，5：45‐78.

[134] 宋文丽.城市游憩空间结构优化研究[D].大连：大连理工大学，2006：37‐38.

[135] 冯维波.城市游憩空间分析与整合研究[D].重庆：重庆大学，2007，9：32‐60.

[136] 俞晟,何善波.城市游憩商业区(RBD)布局研究[J].人文地理，2003，18(4)：10‐16.

[137] 陶伟,李丽梅.城市游憩商业区系统SRBD的生长研究——以历史文化名城苏州为例[J].旅游学刊，2003，18(3)：43‐49.

[138] 吴志强,吴承照.城市旅游规划原理[M].北京：中国建筑工业出版社，2005：144‐146.

[139] James O M, James R H, Co-task F C. Park, Recreation, Open Space and Greenway Guidelines[M]. NRPA Publication，1995.

[140] Composite-Values Based Level of Service (LOS) Analysis The GRASP Methodology [EB/OL]. http://www.greenplayllc.com/index.php? id=23&page=Research_&_Innovations.

[141] About PPGIS[EB/OL]. http://www.ppgis.net/ppgis.htm.

[142] 吴承照.现代城市游憩规划设计理论与方法[M].北京：中国建筑工业出版社，1998.

[143] 曼纽尔·鲍德-博拉,弗雷德·劳森.旅游与游憩规划设计手册[M].唐子颖,吴必虎,译.中国建筑工业出版社，2004.

[144] 张庭伟,保罗·高博斯特.一个美国华裔城市社区的休闲喜好和开放空间需求[J].胡忆东,黄玮,译.国外城市规划,2006,21(4):29-37.

[145] Roose A,Sepp K,Saluveer E,et al. Neighbourhood-defined approaches for integrating and designing landscape monitoring in estonia [J]. Landscape and Urban Planning,2007,79:177-189.

[146] Sugiyama T,Thompson C W. Associations between characteristics of neighbourhood open space and older people's walking[J]. Urban Forestry and Urban Greening,2008,7:41-51.

[147] Sirgy M J,Rahtz D R,Cicic M,et al. A method for assessing residents' satisfaction with community-based services a quality-of-life perspective[J]. Social Indicators Research 2000,49:279-316.

[148] Takemi S,Catharine W T. Associations between characteristics of neighbourhood open space and older people's walking[J]. Urban Forestry & Urban Greening,2008,7(1):41-51.

[149] Billie Giles-Corti,Melissa H B,Matthew K. Increasing walking-How important is distance to,attractiveness,and size of public open space? [J]. American Journal of Preventive Medicine,2005,28(2S2):169-176.

[150] Corraliza. Environmental values,beliefs,and actions:A situational approach[J]. Environment and Behavior,2000,32(6):832.

[151] Paul H G,Lynne M W. The human dimensions of urban greenways:planning for recreation and related experiences[J]. Landscape and Urban Planning,2004(68):147-165.

[152] Floyd M F,Spengler J O,Maddock J E,et al. Park-based physical activity in diverse communities of two U. S. cities:An observational study[J]. American Journal of Preventive Medicine 2008,(34):299-305.

[153] Rogers R,et al. Towards an Urban Renaissance:Final Report of the Urban Task Force Chaired by Lord Rogers of Riverside[M]. London:Department of the Environment,Transport and the Regions,1999,147.

[154] 克莱尔·库珀·马库斯,卡罗林·弗朗西斯.人性场所——城市开放空间设计导则[M].2版.俞孔坚,孙鹏,王志芳,等,译.北京:中国建筑工业出版社,2001:9,32.

[155] 王兴中,等.中国城市社会空间结构研究[M].北京:科学出版社,2000:67.

[156] Farrell P,Lundegren H M. The process of recreation programming[M]. 2e. New York:Macmillan Publishing,1983.

[157] 王兴中,等,著.中国城市社会空间结构研究[M].北京:科学出版社,2000.

[158] 吴承照.旅游区游憩活动地域组合研究.地理科学[J].1999(10).

基于游憩理论的城市开放空间规划研究

[159] Jim C Y，Wendy Y C. Recreation-amenity use and contingent valuation of urban greenspaces in Guangzhou, China[J]. Landscape and Urban Planning，2006，75：81－96.

[160] Jim C Y，Wendy Y C. Leisure participation pattern of residents in a new Chinese city [J]. Annals of the Association of American Geographers，2009，99(4)：657－673.

[161] Alex Y L，Jim C Y. Willingness of residents to pay and motives for conservation of urban green spaces in the compact city of Hong Kong[J]. Urban Forestry & Urban Greening，2010，9：113－120.

[162] 我国正式开展的体育运动项目[R/OL]. http：//www. sport. gov. cn/n16/n1077/n1212/706240. html.

[163] 上海年鉴-表2－9　各区、县户籍人口年龄构成(2010)[EB/OL]. http：//www. stats-sh. gov. cn/tjnj/nj11. htm? d1＝2011tjnj/C0209. htm.

[164] 谢玲丽,孙常敏. 上海人口发展60年[M]. 上海：上海人民出版社,2010：48－49.

[165] 上海统计年鉴,2010,表2－5　各区、县土地面积、常住人口及人口密度(2009)[EB/OL]. http：//www. stats-sh. gov. cn/tjnj/nj10. htm? d1＝2010tjnj/C0205. htm.

[166] 行政区划(2010)上海统计年鉴,2011[EB/OL]. http：//www. stats-sh. gov. cn/tjnj/nj10. htm? d1＝2010tjnj/C0205. htm.

[167] 上海市绿色地图[EB/OL]. http：//lhj. sh. gov. cn：7006/lhjgis/.

[168] 上海统计年鉴,2010,表9. 17　各区、县绿化面积(2009)[EB/OL]. http：//www. stats-sh. gov. cn/data/toTjnj. xhtml? y＝2010.

[169] Jim C Y, and Chen W Y. Leisure participation pattern of residents in a new Chinese city[J]. Annals of the Association of American Geographers，2009，99（4）：657－673.

[170] Tingwei Z，Gobster P H. Leisure preferences and open space needs in an urban Chinese American community[J]. Journal of Architectural and Planning Research，1998，15(4)：338－355.

[171] 吴承照. 现代城市游憩规划设计理论与方法[M]. 北京：中国建筑工业出版社,1998.

[172] 吴承照. 市场全球化与旅游规划地方性[R]. 南京大学建校110周年特邀讲座PPT文稿总结,2012. 5. 23.

[173] 吴承照,马林志,詹立. 户外游憩体验质量评价研究——以上海城市公园自行车活动为例[J]. 旅游科学,2010,24：45－51.

[174] 王兴中,等. 中国城市社会空间结构研究[M]. 北京：科学出版社,2000.

[175] Tingwei Z，Gobster P H. Leisure preferences and open space needs in an urban Chinese American community[J]. Journal of Architectural and Planning Research，1998，15(4)：338－355.

[176] 国家法定假日[EB/OL]. http://baike. baidu. com/view/60272. htm.

[177] 上海私车保有量 102. 93 万辆[EB/OL]. [2011]. 文汇报. http://whb. eastday. com/w/20110304/u1a861707. html.

[178] 2010 年上海建筑类别和数量统计[EB/OL]. http://www. stats-sh. gov. cn/data/toTjnj. xhtml? y=2011.

[179] 群众体育健身活动场所情况(2008—2010)[EB/OL]. http://www. stats-sh. gov. cn/data/toTjnj. xhtml? y=2011.

[180] The GLDP open space hierarchy Greater London Development Plan[R]. London. Greater London Council,1969.

[181] 吴晓. 城市规划资料集:第 7 分册—城市居住区规划[M]. 中国建筑工业出版社,2005

[182] 陆红梅,张庆费. 徐汇滨江:从工业棕地到景观绿廊[J]. 园林,2011(4):22 - 26.

[183] 王潇,朱婷. 徐汇滨江的规划实践——兼论滨江公共空间的特色塑造. 上海城市规划,2011(4):30 - 34.

[184] 龙华滨江成徐汇低碳城区"试验田"[EB/OL]. http://sh. people. com. cn/GB/134829/14774371. html.

[185] 有一列火车,始终在心头隆隆驶过[EB/OL]. 青年报,http://www. why. com. cn/epublish/node10336/userobject7ai282048. html.

[186] 复制戛纳海岸理念 徐家汇、滨江成十二五两颗明珠[EB/OL]. http://sh. sina. com. cn/news/2010 - 08 - 24/0345153683. html.

[187] 孙静毅. 徐汇滨江地区功能定位与产业规划研究[D]. 上海:华东理工大学硕士学位论文,2011:20.

[188] 徐汇滨江正式开建上海西岸文化走廊[EB/OL]. 新民网,http://ent. xinmin. cn/2012/07/09/15443438. html.

[189] 徐汇滨江:打造上海最大户外美术馆[EB/OL]. http://news. hexun. com/2012 - 06 - 12/142361734. html.

[190] 吴承照,马林志,詹立. 户外游憩体验质量评价研究——以上海城市公园自行车活动为例[J]. 旅游科学,2010(1):45 - 51.

[191] 徐汇滨江公共开放空间一期建成,世博开幕前开放[EB/OL]. http://sh. xinmin. cn/minsheng/2010/04/16/4471752. html.

[192] 民革区委 0018 号提案关于徐汇滨江绿色长廊建设的若干建议[EB/OL]. http://www. doc88. com/p-979393777493. html.

[193] 刘蕾. 上海苏家屯路老年人晨练活动抽样调查[J]. 建筑与环境,2008,2(2):177 - 182.

[194] 苏家屯路、抚顺路当选为上海市林荫道[EB/OL]. http://newspaper. jfdaily. com/cb-spl/html/2012 - 09/12/content_880143. htm.

[195] 潘海啸,崔丽娜.以保持地区活力为导向的街道功能设计研究——以上海苏家屯路改造为例:转型与重构[C]//2011中国城市规划年会论文集,5448-5458.

[196] 祥生.游憩空间:城市需求的全新挑战——访中国艺术研究院休闲文化研究中心马惠娣教授[J].上海商业,2004(3):41-43.

[197] "金牌大国与国民体质"[EB/OL]. http://wenku. baidu. com/view/0ef96d659b6648d7c1c7462f. html.

[198] 蔡云楠.新时期城市四种主要规划协调统筹的思考与探索[J].规划师,2009,(1):22-25.

[199] 吴承照.现代城市游憩规划设计理论与方法[M].北京:中国建筑工业出版社,1998.

[200] 雷芸.对中国城市公园绿地指标细化的一点设想[J].中国园林,2010(3):9-13.

[201] 张浪.特大型城市绿地系统布局结构及其构建研究[D].南京:南京林业大学,2007.

[202] 吴晓.城市规划资料集:第7分册—城市居住区规划[M].北京:中国建筑工业出版社,2005:1.

[203] 雷芸.对中国城市公园绿地指标细化的一点设想[J].中国园林,2010(3):9-13.

[204] [英]曼纽尔·鲍德-博拉,弗雷德·劳森.旅游与游憩规划设计手册[M].唐子颖,吴必虎,译.北京:中国建筑工业出版社,2004:172.

[205] City of Bellingham Parks, recreation and open space plan amended comprehensive plan chapter 7[R]. 2008.

[206] PPGIScience[EB/OL]. http://crssa. rutgers. edu/ppgis/.

[207] Frederick S. The living landscape: An ecological approach to landscape planning[M]. 2 edition, McGraw-Hill Professional, 2000.

[208] 王磐岩主编.风景园林师设计手册[M].北京:中国建筑工业出版社,2011.

[209] 上海市绿化管理局,上海市风景园林学会.城市园林绿化管理工作手册[M].北京:中国建筑工业出版社,2009.

[210] 王磐岩.风景园林师设计手册[M].北京:中国建筑工业出版社,2011.

后　记

　　"当一个人悠闲陶醉于土地上时，他的心灵似乎那么轻松，好像是在天堂一般。事实上，他那六尺之躯，何尝离开土壤一寸一分呢？"当将论文研究视作陶醉与耕作的结合时，林语堂先生的这句话似可作为我近六年光阴的写照。

　　一路走来，我得到了师长、同学、家人的支持。感谢导师吴承照教授的悉心教诲。导师用敏锐的学术洞察力把握着论文研究的方向；他淡泊宁静、真诚谦和的风范，传递着前行的力量："放松心情，加快脚步"，将我最初面对交叉学科研究的束手无策，化为探索的动力。"开心研究"引导我远赴国外求学，寻找适合自己的研究方式。这一切都将使我受益终生。

　　外文文献研究和比较研究阶段，得到了校外专家的帮助。感谢英国OPENSpace 研究中心 Catharine Ward Thompson 教授，Stavanger University LeRoy Tonning 教授，University of California（Davis）Mark Francis 教授、Michael Rios 副教授，新加坡 Nparks 主任 Kok-Hwee Cheong，以及 Kokomo 公园和游憩部官员对我在理解开放空间规划本质和学术动态方面的帮助。感谢在滑铁卢大学求学过程中，Geoffery Wall 教授、Paul Eagels 教授、四川大学程励教授对居民开放空间使用偏好比较研究的指导；以及同学 Julia Coburn，Jill Kennedy，Randi，董运帷，金娇对居民访谈和 PPGIS 技术的研发提出的宝贵建议。上海案例研究过程中，感谢上海电子地图（eicity）、控江四村居委会提供的宝贵资料，感谢景观 0801 班、0802 班、1001 班、1002 班以及师门同学们的帮助。

　　本文的写作和提升，离不开以下各位老师的指导。感谢上海市城市规划协会朱若霖教授、复旦大学旅游学系巴兆祥教授、上海市人民政府发展研究中心钱智教授、同济大学测绘与地理信息学院石忆邵教授和同济大学城市规划系张松教授在本文提升过程中的不倦教诲。感谢同济大学景观学系教授吴人韦、韩锋、金云峰，副教授董楠楠；城市规划系教授董鉴泓、王德、赵民、杨贵庆、孙施文，副教授王兰、干靓；外语学院副教授董琇的教导、鼓励和帮助。感谢西安交通大学教授周若祁、王新生、吴小宁的关怀和培养。此外，潘金瓶、马婧、陈莺娇、李春敏、杜丽、徐杰、陶聪、徐青、简圣贤、周聪惠、汪劲柏、汤旸、齐莹、王溪等同学，常常给我宝贵的启示和建议。这些我都将铭记在心。

感谢父母和丈夫对我的包容和支持。感谢似乎从未离去的外婆的爱。

从怀揣着建筑师的梦想，到对景观规划广博体系的涉猎；在研究对象从建筑空间到开放空间的转变中，其本质却始终没有离开对理想生活的追求。感谢在"魔都"生活映衬下，愈发清新可人的校园，她用雪花飘零的假日，星露交织的夜晚，热情欢愉的饭堂，碧波荡漾的泳池，讲述着别样的美好。这段经历炼成的生活视角，将伴随着沮丧、彷徨；伴随着顿悟、喜悦；伴随着重塑、探索；兴步前行。

方　家